原子力の人類学

フクシマ、 ラ・アーグ、 セラフィールド

内山田 康

青土社

はじめに

なぜ、再処理工場も、原子力発電所も、周縁の海辺に立つのか。事故を予想している。閉じ込めていた放射性物質を大量放出しても、広い（だが有限の）海に拡散する。今までも海に捨ててきたし、南太平洋では核実験が繰り返された。フクシマでは処理できない汚染水を暫定的にタンクに貯めた後で、全て海洋投棄しようとしている。社会世界の短い時間。水で薄めれば影響は無いという説明。基準？　合成エージェントである人間のその時々の連合の諸関心が媒介した基準。事故を起こしながら原子力マシーンは増殖する。全貌は見えない。遠い先は想定しない。マシーンの軌道は装置のコントロールを外れる。だから海（あるいは砂漠）でやる。核開発の記憶。放射能の海。

あの大震災の直後、私は前年に調査を行った石巻を起点にして三陸海岸で調査を始めた。大地震が起きると牡鹿半島の福貴浦《ふっきうら》では誰に言われるでもなく人々は手分けをして動き出した。漁船を沖に出し、フォークリフトやトラックを高台に上げ、老人を背負って避難させ、漁船と沖に出た者たちが翌朝腹をすかして帰ってくるだろうからと山の中で米を炊く準備をした。自然に手分けしてやるべきことをやったという。震災の後、行政に避難の命令系統を確立する必要があるから誰か代表を出せと言われたが、皆で手分けして避難したから必要ないと断った。

姉吉《あねよし》で出会った気仙沼向洋高校の教師は、地震が起きた時には生徒を校庭に集めて出席簿と照合して点呼を取るようにと書かれたマニュアルに従って生徒を校庭に集めようとした内陸出身の教師を「バカ」と一喝して、生徒らを小高い場所の寺まで走らせ、そこで聞いた津波の高さは六メートルと繰り返すＮＨＫの津波警報を信用せず、更に高い場所へと走り全員が助かった。彼は大津波を何度も経験した宮古市姉吉で生まれ育ち、その怖さを知っていた。「津波は逃げるが勝ち」と彼は言った。

私は三陸で津波の調査をしながら、津波が来る環境世界を知らない役人らが作成した近代国家の防災マニュアルではなく、より長い持続のリズムを持つ環境世界の中で育まれた津波の知が命を救ったことを知った。この環境の中の身体知、この運動的《キネティック》な世界の知覚と想起は、現象学的な環境の知と言うことができる。しかし、福島第一原子力発電所の事故は、過去に何度も繰り返した大津波とは異なる性質のものだった。放射能は知覚できない。そして人々の経験にあらかじめ直接与えられたそれぞれの生活世界は、原子力災害による放射能汚染を知らなかった。これを知るためには所与の社会性を前提としない異なる知の方法論が必要だ（内山田 2013; 2014）。

ドゥルーズによれば、フーコーの生政治の後、すなわち教育、医療、刑罰、美を含むあらゆる諸制度の隅々まで張り巡らされた権力が主体に作用する我々の近代においては、現象学が想定するような世界を知覚する純粋な主体は成立し得ない（Deleuze 1986）。

一九三三年一月三〇日のヒトラーの総統就任後、日増しに追い詰められてゆく状況の中で、自由で理性的な人間による超越論的現象学を打ち立てようとしたフッサールの最後の仕事がどれほど人間として賞賛に値する試みだったとしても（Husserl 1970 [1952]）、それは不可能な企てに見える。我々の諸科学もまた生活世界に根ざしたものであり、自然的態度に導かれた営みであることを見抜いたその洞察に私は留まろう。

私はフッサールの力業が試みたように判断中止から超越論へと向かうのではなく、メルロ＝ポンティのように側面的な普遍を目指すべきなのか。むしろカフカのように生活世界と原子力マシーンの交叉地点に留まり、それぞれの自然的態度の想定外の作用と帰結を記述しながらマシーンの複合的な生産性を追いかける人類学的な探求を続けよう。

我々の世界では、政治が脱政治化する一方で、社会世界は政治化している。一九四五年七月十六日に幕を開けた核の時代において、この世界は現象学が前提としたように知覚し記憶し想起する私にあらかじめ与えられているのではなく、それは見知らぬ部分を持ち、近くのあるいは遠くの見知らぬ場所へと続く異質な世界に変貌している。フッサールは一九三八年に亡くなっているから、これは我々の問題だ。ニューメキシコのナヴァホ・インディアンの保留地では、丘のように見える草木の生えた構造物の中に放射性廃棄物が埋められていて、放射能が漏れ出している。それは丘のように見えるが、あらかじめ与えられた丘ではない。日本でも同じことがすでに始まっている。我々が自然的態度で判断する日常において、知覚する主体の知らない連鎖が生起している。このことは何を含意するのか。

私は二〇一三年九月から浜通りの小名浜と久之浜に通い始め、広野、楢葉、富岡へと足を伸ばし、原子力マシーンの張り巡らす網目の上を人と物と技術が行き来する動きを追いかけるうちに、フランスのラ・アーグにある再処理工場の周囲の生活世界で調査をするようになり、そこから英国のセラフィールドの再処理工場の周囲の生活世界へと足を伸ばした。そして今、アメリカの西部に辿り着いた。ニューメキシコ北西のナヴァホの保留地はウラン鉱山開発で汚染され、北部のロスアラモスでは核兵器の開発が行われ、南東の砂漠の中には遠方から核廃棄物が運ばれて来る。

第二次世界大戦中にアメリカのマンハッタン計画に参加した英国の科学者たちは、戦後セラフィールドで始まった核エネルギー開発において中心的な働きをした。日本で最初の原子力発電所となった東海発電所の原子炉はセラフィールドから導入されたものだったし、福島第一原子力発電所はGEの技術で造られ、アメリカから技術者たちが来ていた。日本の原子力発電所の使用済み核燃料はセラフィールドとラ・アーグで再処理され、日本各地の原発にMOX燃料が運ばれて来た。フクシマはより大きなマシーンの一部なのだ。

以下に記述を試みたのは、この巨大な原子力マシーンの網目を福島の浜通りから追いかけ始めた旅の記録だ。私はこの繋がりを追ってフクシマとラ・アーグの間を行き来し、セラフィールドを訪れた後でラ・アーグに戻り、ニューメキシコまでやって来た。これからガボンの熱帯雨林の中に放置されたウラン鉱山跡に向かおうとしている。遠くから帰る度に、原子力マシーンの隠された部分が徐々に見えてくる。果たしてそうなのか。未知の部分が遠くに逃れてゆくようにも見える。

私が大学一年生の時、森有正が亡くなった。私は彼が残した『バビロンの流れのほとりにて』を内戦と飢餓のモザンビークとエチオピアでも読み続け、決定的に還ってくるその日まで、長い道のりを歩き続けて自分に還る方法を知った（森 1968）。

歩みの途中で起きた大震災を契機に、私は日本の三陸海岸から福島の浜通りに通うようになり、福島第一原発の事故がフクシマよりも遥かに大きな原子力マシーンの一つの部分であること、そしてこのマシーンが性質の異なる様々なサイトと多様なローカルから構成され、そこに連なる承認された／承認されていない無数のエージェントたちが、異なる時間性と異なる強度と異なる結合性において共生し純化し分裂し融合し漏出し投棄されて多様な分断と結合を生み出していることを知った。

周縁の周縁にある原子力マシーンの上流では無数のウラン鉱山が周囲の生活世界を汚染し、やはり周縁の周縁にある下流では遠くから運び込まれた核廃棄物が周囲の生活世界を汚染している。ウランやプルトニウムの持続は人間の文明よりも遥かに長い。周縁にある核兵器製造工場や原子力発電所や高速増殖炉や再処理工場の部分的なサイクル構築を試みて失敗したマシーンの中流部分もまた、上流のウラン鉱山を必要とし、核廃棄物やプルトニウムを捨てる下流の埋設施設を必要とする。だが、大量の放射性物質は臨時の埋設施設に溜まり続け、計画された地層処分場は現実には殆ど存在しない。異なる時間性を持つエージェントたちは、この巨大で部分的に長い持続を持つマシーンの生産性を知らないまま、マシーンとそれぞれの生活世界の無数の交叉地点で活動している。

時間性の例を思いつくままにいくつか挙げれば、核施設や原子力施設で働く個々人あるいはそれらが影響力を持つ環境世界の中で生活する人々のそれぞれの経験された時間、分断された共同体の時間、原子力政策の時間、放射性毒性の時間、気象の時間、選挙の時間、予算の時間、企業の時間、政体の時間、政体が機能しなくなった後の時間、物質の時間、化学変化の時間、生物の進化と変異の時間、放射性崩壊の時間、地質変動の時間、ガイアの時間など、持続と強度と共生の可能性が異なる諸々の時間性がこの巨大な原子力マシーンの隅々で脈打っている。

これら諸々のサイトとその内外で活動する多様な時間性を持つエージェントたちを追いかけて、私は日本、フランス、英国、アメリカ、ガボンにある原子力マシーンの個々の部分とその周囲で、それ以前から続く、あるいはそれと共に始まった多様な生活世界と原子力マシーンが交叉するいくつもの場所を訪れることになったが、そのスケールの大きさと連鎖する諸エージェントの持続に比べたら、私の場所性と時間性は取るに足らぬほど小さく短い。だが、私は微細な諸部分を持つこの巨大なマシーンを追跡して迂回を繰り返しながら新たな繋がりを見つけて記述を続ける。追いかけなければその輪郭さえも分からないままだ。

原子力の人類学　目次

原子力の人類学

フクシマ、ラ・アーグ、セラフィールド

第1章　核兵器廃絶の戸惑い

二〇一七年のノーベル平和賞が「核兵器廃絶国際キャンペーン」ICANに授与されることが発表された一〇月六日、首相官邸は沈黙を貫いた。「先の方で、私は一九五四年暮れに、フランスの首相と原子力庁長官の間で交わされたある会話に刻印された核兵器の開発と原子力エネルギーの開発の連続性について読者の注意を喚起する。このことを思い出すことができるならば、この沈黙の含意が分かるだろう。」

翌日、ICANノーベル平和賞の記事が、日本経済新聞と朝日新聞の一面を飾った。前者は日本政府の沈黙について沈黙した。利益集団との互助的な紐帯に亀裂が入ることを避けたのだろう。後者は三面に「日本政府はとまどい」という微妙なニュアンスを伝える記事を掲載した。そこにニッチがあるからだ。「核廃絶へ向けた意義を認める一方、核・ミサイルの脅威を高める北朝鮮に触れ「遠く離れた国と、現実の脅威と向き合っている我々とでは立場が違う」ととまどいを見せる外交官も」(朝日新聞 2017.10.7.)。

日本政府はこの日も沈黙を続けた。「とまどい」の記事が伝えた官僚の発話の断片は、国家と産業界と普通の人々の生活世界の中に入り込んだ装置《ディスポジティフ》の配置のどのような矛盾から生じているのか。これは何の兆候なのか。ある外交官が返答した言葉の構造と、その表情の印象が「とまどい」と表現されていた。着地点を持たない「も」で終わる宙ぶらりんの文末は、記者に及んだ「とまどい」の余波を刻印している。

核兵器の脅威から遠く離れた国（スイス）で活動してグローバルな核兵器廃絶に取り組むことができる超越的な状況と、現実的な脅威と間近に直面している日本固有の状況は違う。そう考える集合意識の一端が、この発話の断片に捉えられている。核の脅威から遠い国と近い国を区別するこの図式は、核兵器のグローバルな破壊性を乗り越えようとする人間の連帯を共有しない。この「教区的」な事情を強調する問題の図式に取り憑かれている限り、核廃絶の可能性はない。

核の脅威の現実から「遠く離れた国」と、その現実に直面する「我々」の特殊性を強調して差異化する論法は、政府高官の思考が混濁していることを示しているのだろうか。ぶら下がりインタビューに対する外交官の返答は考えられたものではない。繰り返し使われる口上は、考えずとも答弁できる職業的な属性の一部だからだ。官僚の特権を失わないためには、与えられた台本に従って慎重に発言しなければならない。例えそれが意味のある内容を持たない空っぽの口上だったとしても。

核兵器の被曝の経験がないヨーロッパではなく、二つの原爆が投下された「唯一の被曝国」としての経験を振り返ると、グローバルな核兵器廃絶の意義は理解できるのか。アメリカの核抑止力に対する依存、アメリカ軍と自衛隊の一体化はかつてないほど強化されている。この統合不可能な矛盾を内包する複雑な複合体の配置の現実が、この外交官を戸惑わせたのだろうか。その時、日本政府はもはや核兵器廃絶ではなく、核兵器によって平和を目指す核抑止に方向転換していた（朝日新聞 2017.10.13.）。

戸惑いは続く。アメリカ国防総省が二〇一八年二月二日に発表した「核戦略見直し」は、オバマ前大統領がその八年前に始めた核軍縮を逆戻りさせて、ロシアの核開発に対抗すべく、より使いやすい小型核兵器および巡行核ミサイル等の開発を促進して、核兵器のみならず通常兵器による攻撃にも対応するとしていた（The New York Times 2018.2.4.）。「核戦略見直し」の目的は何か。ル・モンドの特派員は、核戦略再転換のテーマは「力による平和」であり、そのターゲットは中国とロシアだと結論している（Le Monde 2018.2.7.）。核兵器の近代化と増強によって覇権を握ることが目的なのであり、日本に対する北朝鮮の核の脅威は主要な関心事ではない。

アメリカの核戦略見直しを受けて、河野外務大臣は二月七日に「高く評価する」と談話を出したが、翌日の衆議院予算委員会において、発言の矛盾を指摘されて苛立ち、声を荒げた（朝日新聞 2018.2.9.）。このダブルバインドは、対応する外務省の官僚や大臣の振る舞いの上に、言葉と皮膚の上に、そのエージェンシーの働きを露わにしていた。

普遍／特殊の対概念を補って言い換えると、この自己矛盾の性格はより明確になる。グローバルな核廃絶は、普遍的な人間性を基礎とする絶対的な平和の理念に基づいた思想だ（Lefort 1992)。しかし「唯一の被曝国」としての日本の経験を強調する立場にとって、人類の共通基盤は不要だ。むしろ、この唯一性は日本の特殊性の印なのだ。この政治的な想像力においては、核兵器によって地球上のあらゆる生活圏が破壊され被曝する可能性が抑圧される一方で、核兵器の抑止力が普遍性を付与され、平和と安全の主役になろうとしている。アメリカの核兵器が（全人類の平和と安全ではなく）日本の平和と安全を保証してくれると期待するのだ。

核の軍事利用と核の平和利用の区別はなくなっている。それは同じ技術として誕生し、使用済み核燃料の再処理の過程で共生を始める。これは原子力開発の本質的な問題だ。だから、ヒロシマ・ナガサキと連帯する核兵器廃絶運動は「とまどい」なのだ。

夥《おびただ》しい数の人間が死んだ第一次世界大戦に際して、ヨーロッパの「文明人」は未開の「野蛮人」のように仲間の死をすぐに認めようとはせず、身内の死を深く悼む一方で、敵を殺すことを賞賛した。死に対するこの根本的に矛盾した態度を、フロイトは（私が読んだ英訳では）「戸惑い」（bewilderment）の概念を使って考察を試みた。この時代に、科学は冷静な公平さを失い、科学に仕える者たちは苦々しい思いを抱きながらも、敵との戦いに貢献すべく科学からより強力な武器を生み出そうとしていた。人類学者たちは敵を劣った者、あるいは退化した者であると宣言するよう駆り立てられ、精神科医たちは敵が精神を病んでいるという診断書を書いた。このような時代にあって、巨大なマシーンの歯車のような戦闘員となった人々は、どちらへ向かったら良いのか戸惑いを覚えた。フロイトは「戦争と死の時代への思い」というタイトルの論文において、この戸惑いを引き起こした二つの特異な要素、すなわち幻滅、そして死に対する矛盾した態度に着目した（Freud 1957 [1915]）。そこには人々を戦争へと駆り立てた主権権力の欲動が働いている。

この戦争を通して明らかにされた死に対する根源的な自己矛盾を知った後、我々はどこへ向かったのか。第二次世界大戦だ。進歩の行き着く先は野蛮なのか（cf. Taussig 1986）。この自己矛盾、この二面性は原子力産業を手繰りこれに手繰られる多様なエージェントから成る複合体の本質でもある。だからマシーンの働きについて知らなければならない。

二〇一七年の夏、いわき市で行われた福島原発事故に関するある研究会の会場で予期せず遭遇したある出来事から、国家と原子力産業と普通の人々の生活世界の抜き差しならない関係について考察を始めよう。これはどこへ続く連鎖なのだろう。

第2章　舞台上の涙

アクアマリンふくしまの深淵

二〇一七年七月二九日の朝、私は常磐道を北上して福島県いわき市のアクアマリンふくしまに向かった。勿来《なこそ》で常磐道を下りて高速道路のようなバイパスを走り、九時過ぎに巨大な化学工場とコンビナートが続く小名浜港湾内の広い道に入った。それは大型トラックが行き交う生活の匂いがしない港湾道路だ。海の水を曲面のドームで表現したガラス張りの水族館が前方右手に見えた。その北側には巨大なイオンモールが姿を現わしつつある。震災復興の中核プロジェクトとして位置付けられたこの大商業施設が開業すれば、小名浜の商店街は消えてゆくだろう。南側には完成したばかりの小名浜マリンブリッジ。この美しい橋は、埠頭と無人の人工島を架橋して、道はそこで行き止まりになっている。

住まうこと。それはどのようなことなのか。建物はどのようにしてこの住まうことに関与しているのか。ハイデガーは存在と場所に関わるこの現象学的な問題を考えるにあたり橋を取り上げている。建物が住まうことを可能にしている。橋を例に考えてみよう。様々な人と物が橋に集まって来る。それは橋の上を行き来して、そこに住まう場所が生まれる（Heidegger 1971）。

小名浜マリンブリッジは二つの岸を繋ぎ、多様な人と物を集め、これを行き交わせ、そこに新たな住まう場所を生み出すような建造物ではない。それはまた人と物の行き来を妨げる障害物でもある。桁下高が二四・五メートルしかないために、大型漁船はその下を通って小名浜漁港に入ることができないと聞いた。ほぼ同じ時期に完成した気仙沼の大島大橋の桁下高が三二メートルある事実が公表されているが、小名浜マリンブリッジのそれは微妙に隠されている。インフラストラクチャーの生態学。政治を含むこれを取り巻く環境がその形態に作用している。

小名浜マリンブリッジの構造、長さ、勾配、車道と歩道の幅、設計速度に関する数字は、小名浜港湾事務所（国土交通省）のホームページで公開されているが、問題となった橋の桁下高の数字は見当たらない。橋の渡り初め募集の市長記者会見資料も、桁下高については沈黙している。前者は小名浜港湾事務所が公表した「小名浜マリンブリッジの整備における技術的特徴」（二〇一七）の橋の概要から航路幅と桁下高に関する数字を削除した上で、同じ図面を再利用している。沈黙の政治学。事実について沈黙することは効力のある政治技術だ。

数年前、魚市場の前でカフェを営む魚の動きに詳しい孝子が、小名浜に来ていた国土交通省の担当者に、橋を高くできないのかと聞くと、それは建設費が高くなるから無理だと答えたという。施主が「復興のシンボル」と呼ぶ橋の実際の機能は何なのか。機能よりも象徴性を強調した橋に二二一億円とも言われる税金を注ぎ込む合理的な理由は何か。モニュメントのあるランドスケープか。現実を覆うコンクリートの心象《イマージュ》か。

復興の物語に誘導されて美しい橋をぼんやり眺めた時、小名浜漁港に入って来る大型漁船から見える橋の姿をした障害物は見えない。イオンモールもマリンブリッジも新しい魚市場も復興のシンボルを演じている。実利の次元では、外部の利益集団が震災復興を掲げた特別の資源配分にありつき、その階層構造の下に地元の人たちを取り込もうとしたのだろう。

私は埋立地の広大な駐車場に車を止めて、水族館の本館にあるマリンシアターを目指した。その日、福島大学環境放射能研究所が主催した「海域の放射能汚染：これまでとこれから〜福島県の漁業復興に向けて〜」という研究会が、家族連れで賑わう土曜日の水族館で行われようとしていた。発表者の演題を記しておこう。

青山道夫（福島大学）「福島県沿岸から北太平洋域での放射性物質の長期の動き」。森田貴己（中央水産研究所）「水産物は安全なの？」。根本芳春（福島県水産試験場）「福島県における海産魚介類のモニタリング」。石丸隆（東京海洋大学）「海洋生態系における放射能汚染の推移」。重信裕弥（中央水産研究所）「底魚と海底土の放射性セシウム濃度」。富原聖一（ふくしま海洋科学館）「アクアマリンふくしまの取り組み」。

内容は高度に学術的なもの、研究に行政の立場を交えたもの、プロパガンダ的な要素を含むものまで多岐にわたっていた。石丸隆らによる放射能汚染の研究を通して原発事故が太平洋をどのように汚染しているのか学ぶことは多かったが、アクアマリンふくしまで週末の一日を楽しむ親子連れ、カップル、孫と祖父母と子供夫婦らの一行は、誰一人としてマリンシアターに入って来なかった。照明を落とした会場にいた人たちは、研究者、ジャーナリスト、手伝いに駆り出された学生、それに数人の市民だったと思う。原発事故による放射能汚染の現状を浜通りの人々と共有するために水族館の一室が会場となっていたが、憩いの時を過ごす人々は素通りして行った。

福島の海の放射能汚染の事実について知ること。水族館で休日を楽しむこと。両者の間には深淵が横たわっていた。人々は、少なくともこの休日のひと時、放射能汚染について考えたくなかったのかもしれない。マリンシアターの外で行われていた福島の魚を美味しく食べるイベントには、子供たち同士、あるいは家族連れの長い行列ができていた。彼／女らは海の放射能汚染について考えながら福島の魚を食べたのか。たくさんの子供たちが並んでいたのは無料だったからなのか。水族館の中で人間の子供が餌付けされているように見えた。

最初に発表した青山道夫の名前を私は覚えていた。彼は福島第一原発事故が起きた時、つくば市にある気象研究所で研究員をしていた。二〇一一年三月一二日に一号機が爆発、一四日に三号機が爆発、一五日には停止していた四号機でも爆発が起きた。一号機、二号機、三号機のメルトダウンはこの時点で起きていたが、東電はこの事実を二ヶ月間隠していた。炉心損傷は起きたが炉心溶融は起きていない、と東電と政府は繰り返した。東電がメルトダウンを隠していたことを認めて謝罪したのは、五年以上が過ぎた二〇一六年六月二一日のことだ。

その前日。原子力規制委員会は運転開始後四〇年以上が経過した関西電力の高浜原発一号機と二号機の運転延長を認可した。これによって東京電力の柏崎刈羽原発の六号機と七号機の再稼働へ向けた環境づくりの山場は超えたように思われた。東電の立場に立てば、五年三ヶ月の長きに渡って再稼働へ向けて粘り強く努力してきたことがようやく報われつつあると思われたこの時こそ、メルトダウンの事実を隠して来たことを謝罪するのに最もふさわしい戦略的なタイミングだったと言えるだろう。テンポは戦略だ。

多くの人々が知っていたメルトダウンの事実がずっと隠され続けた事実が、原子力マシーンと生活世界の関係深さをモノ語っている。

事実は隠される

二〇一一年三月一二日の記者会見で枝野官房長官は「この度の爆発は原子炉のある格納容器内で起こったものではなく、従って放射性物質が大量に漏れ出すものではありません」と東電の見解を繰り返した。三月一六日の会見では文部科学省がその日に実施した二〇キロ圏と三〇キロ圏の間のモニタリングに言及して「直ちに健康に影響を与えるような数値ではない」と断言している。このような断定をしてしまったために、矛盾する事実を公表しかねない研究を予め排除する意志が官僚組織の中で働いたのか。ワシントン・ポストは「原発の損傷は日本政府と東電が認めている以上に悪い状態にある」と報じていた（Vastag *et al* 2011）。私はつくば市の高エネルギー加速器研究機構がネット上に公表していたリアルタイムの放射線量が跳ね上がるのを見て、子供たちをつくばから湘南に避難させることにした。

問題は事実が不明だったことだ。事実として伝えられたことの真実性と虚偽性、事実について東電と政府の発表に依存した現状認識の限界が顕在化していた。破損したブラックボックスを開いて隠されていた事実を知ろうとする者たちと、ブラックボックスを一刻も早く閉じて変わらぬ日常を続けようとする者たちが、原発事故の事実を巡って抗争していたが、多くの人たちは、何が事実なのか判断できないまま、自宅あるいは避難先で不安を抱えて過ごしていた。

福島第一原発三〇キロ圏の数百メートル外側にある久之浜の津守神社近くに住む知り合いは、自家菜園の野菜や山菜の放射能汚染をずっと気にしていた。だが「知るのが怖い」との理由で食料の放射能測定をしないまま過ごしていた。事実を知るのが怖い。この「自然的態度」もまた、事実の解明を先延ばしする。除染作業員が報道されない放射能汚染について食堂で話すことがあった。「いくら除染しても下がらない。何か漏れてるんじゃないか」。たまたま彼／女らの近くにいるのでなければ、こうした疑問を耳にすることもない。二〇一三年の秋になると、原発事故の忘却が始まった。事実を隠すことと、忘却することの間には関係がある。少なくとも事実を隠す者は、それを願っているように思われる。

青山道夫は週末の三月一二日と一三日に気象研究所に出て来て放射能を測定した。その二五年前の一九八六年四月二六日に起きたチェルノブィリ原発事故の時もそうだった。原発事故が起きた事実をソビエト政府は隠そうとしたが、スウェーデンの科学者に証拠を挙げられて二日後に事故の事実を認めた。青山はゴールデンウィークの最中に研究所で放射能の測定を始めた。五月三日。青山はチェルノブィリ原発事故で放出された放射能をつくばで測定した。この経験があったので、青山は福島第一原発事故の直後から放射能の観測体制を整えていた。

二〇一七年の夏休み二回目の土曜日。マリンシアターの舞台の上で、青山は福島原発事故が起こる前に核実験起源のセシウム137が地球上にどのように降ったのか、それは環境の中でどう挙動していたのか、どんな調査をしたのか、どんなモデルを作り上げたのかについて話し始めた。彼は海洋の表層部と内部におけるセシウム137の三次元の分布が知りたくて研究をしてきた。セシウム137の三次元分布が明らかになった結果、福島第一原発事故によって放出されたセシウムがどう挙動するのか予想ができた。細かい部分においては予想と異なる結果が見出された。青山はグローバルなモデルを示しながら説明した。続いてなぜ原発事故は起きたのか語り始めた。東電がIAEAと日本原子力学会の勧告を聞きいていたならば事故は防げていただろうと青山は言った。IAEAのある専門家は「勧告通りに確率的安全評価に基づく対策を実施していればよかったのに」と青山に言ったという。声が震え始めた。顔が歪み、涙が流れていた。「すみません……思い出しました……」と言って青山は話題を変えた。「なぜ原発事故は起きたのか?」という問いを合図に、原発事故から始まった一連の出来事の波紋が、時空を超えた舞台上に現れ、一人の科学者が声を震わせて涙を流し、聞いていた我々を緊張させたが、彼は何事もなかったかのように先を続けた。

青山は気象庁の「放射能調査研究費」を使って環境中に放出された放射能の挙動を研究していた。三月一二日に一号機爆発のニュースを聞いた時、青山は数日後にはつくばで高濃度の放射能が測定されるだろうと予測した。あの雨が降った三月一五日。雨水から計測不可能なほど高いレヴェルの放射能が観測された。青山は雨水を水で薄めてから計測して放射線量を推測した。そして年度末の三月三一日。青山は翌日から放射能観測を止めるよう命じられた。緊急事態が起きたために気象研究所における放射能の観測を中止するとの決定が、文部科学省原子力安全課と気象庁の間で決められたらしい。放射能汚染の事実を知るための手段の一つが最も必要とされていた危機的な状況に際して失われたかに見えた。青山によれば、研究所の会計係と大学の研究者たちに助けられて研究を続けることができたという。青山の研究を助けた人たちもそれぞれの部署で大変な目にあったことだろう。（私はこの出来事のあらましを二〇一一年一一月七日から朝日新聞に連載された「プロメテウスの罠―観測中止令」で読んでいた。）

放射能調査研究費が止められただけではなかった。福島第一原発から海に放出された放射能について青山ら三人が執筆した論文は、四月にNatureに掲載されることが決まっていたが、論文を取り下げるよう気象庁から圧力を受けた。福島第一原発の港湾内の汚染のレヴェルは、チェルノブィリ原発事故による黒海の汚染に比べて一万倍高いことを示したグラフが問題視された。福島第一原発事故の国際原子力事象評価尺度（ＩＮＥＳ）はレヴェル3から徐々に引き上げられて、一ヶ月後の四月一二日には最大のレヴェル7となった。しかし、放射性物質の放出総量はチェルノブィリの一割程度とされて、原子力安全・保安院は「レベル7は重い評価だが、チェルノブィリとは相当違う」という立場を表明した（朝日新聞 2011.4.13.）。

放射能汚染の事実を一刻も早く理解する上で役立つように速報値を公表しようとした論文の掲載を国家が止めた。情報統制の結果、事実を知るための判断材料が絶対的に不足していた。やがて明らかにされるとしても、統治上の不都合な事実は次々と隠される。それがこの集団の慣習らしい。だから知る努力を続けなければ、私たちの無知は進行してゆく。

政治なのか科学なのか

事実を隠す。これは主権と知に関する古典的な問題であるだけでなく、現実の政治社会ではパターン認識が可能になるまで組織的に繰り返される。

チェルノブィリ原発事故直後の一九八六年四月三〇日。後藤田官房長官は「炉心溶融なら放射能汚染が拡大する恐れもある」と事故に対する憂慮を明らかにした（朝日新聞夕刊 1986.4.30.）。東京G7サミット初日の五月四日。サミットの声明のドラフトから「事故によって放出された放射能がもたらす健康と環境への危険を深く憂慮する」という懸念を反映した表現が削除されて「事故の諸影響について検討した」という空虚な散文に置き換えられた（朝日新聞 2017.12.21.）。

原発を推進する政府は、放射能汚染の危険に直面していたこの時、反原発運動を勢いづかせないために口を噤むことを選択した。原子力発電の長く複雑なプロセスから放射能汚染の危険を取り除くことはできないが、声明文から「放射能」という言葉を取り除くことは容易にできる。原発事故の現実と、的を外した説明。この断絶に何度直面したことだろう。これは我々の無知を成長させる装置だ。この装置は無知と引き換えに繁栄を約束するだろう。

私はマリンシアターの講演の後、青山と言葉を交わし、九月上旬に福島大学に話を聞きに行った。福島大学のキャンパスの中でもひときわ新しい環境放射能研究所で、青山はこれまでやってきた研究について話してくれた。私が舞台の上の涙について聞くと、青山の顔が急に歪んだ。彼は目に涙をためて「腹が立つ」と絞り出すように言った。そして「ちょっと頭が変なんです」と言い訳するように付け加えた。よほどひどい目に遭ったに違いない。権力が研究に介入した事件が、苦痛を与えているようだった。

青山が茨城県の環境放射線監視委員会のメンバーだった時、委員会は日本原電に対して東海第二の防潮堤のかさ上げを提言して受け入れられた。福島第一は、同様の提言を受けていたにも拘らず、東電は何もしなかった。青山は、サイエンスの知見によって津波に対する対応が実施できたはずなのに、何もせずに原発事故が起きたことが悔しいと言った。

私は異なる観点から議論を展開することを試みた。それは文明の時間よりも遥かに長い時間の現象にどう取り組むのかという問題だ。ブローデルはその長大な『地中海』において人間の営みを描く前に、これを条件づけている地中海世界を取り囲む山脈の記述から始める。人間の歴史よりも「長い持続」（*longue durée*）のプロセスにおいて地殻変動が起こり、地中海を取り囲む山脈が隆起した。地中海世界で古くから旅人の喉を潤した冷たい飲み物「雪水」、そしてイタリアにおけるジェラートの発達は、海の間近に迫る雪を頂いた山脈抜きには考えられない

(Braudel 2017 [1949])。

東日本大震災の地震と津波はこのような長い持続の中で起きた地殻変動の現象だから、短い時間の中にしか存在し得ない人間の政治がコントロールできる性質のものではない。また放射性廃棄物の中でもプルトニウム239の半減期は二万四千年と桁違いに長く、短いサイクルの政治経済の活動によってコントロールされる性質のものではない。人間の短い時間よりも「長い持続」の中で起こるこのような現象と人間はどう関わったら良いのか。私はそのようなことを聞いた。

国際社会と付き合っていると、ヨーロッパでは長い時間を要する問題の判断は、政治的に決めるのではなく科学者に聞く。判断が合理的です。放射性物質の半減期は、公理と定理の問題であって、これは政治では変えられない。青山はそのようなことを言った。

ヨーロッパでは放射性廃棄物の最終処分場のように長い時間に関わる問題は、政治的な判断ではなく公理と定理に基づいて判断しているのか。ヨーロッパの原子力政策は、サイエンスの知見を尊重するという質の違いがあるのか。原子力研究は軍事研究によって発展を遂げたことは紛れもない事実だし、原子力関連施設は秘密に包まれている。しかし程度の差は存在するだろう。私はフランスのノルマンディ地方で再処理工場と原発周辺の環境放射能を測定する活動を行なっているNGOを訪ねた。

二〇一七年九月二六日の朝。私は一九世紀の終わりにゾラが複数の小説で描いたサン＝ラザール駅からカーンに向かった。ゾラがこの近くに住んでいた頃、ノルマンディの若者たちがパリの生活に期待を抱き、シェルブールやル・アーヴルから到着した列車の三等客車からこのガラスの大屋根に覆われたプラットホームに降り立ったことだろう。ゾラを魅了した躍動する蒸気機関車。三等客車に乗ってノルマンディからパリに出てくる感覚。これを想像するためには、ノルマン人たちの感覚の歴史の中へ入ってゆかねばならない。そんなことを考えながら、私は小説の主人公たちとは反対の方向に進んだ。

その日の昼。私はカーンの郊外にあるＡＣＲＯの実験室を訪れた。代表のダヴィド・ボワレーはラ・アーグ再処理工場周辺とノルマンディの海岸に点在する原発周辺の放射能汚染の事実を公表する活動を続けながら原子力政策に積極的に提言を行う一方で、カーン大学で原子物理学を教える研究者でもある。彼はＮＧＯの活動と大学の研究を注意深く分けていた。ＡＣＲＯの実験室にはノルマンディの原発周辺の土壌だけでなく、福島から送られて来た様々な試料があった。福島の原発事故の直後、市民放射能測定室が日本にまだなかった頃、福島から送られて来た多様な試料の放射線をここで測定したという。

ダヴィドは、チェルノブィリ原発事故を契機に、原発事故がグローバルな問題であることに気がついた。チェルノブィリ原発事故のフォールアウトはヨーロッパ各地の環境を静かに汚染した。事故翌日の一九八六年四月二七日。スウェーデンのフォーシュマルク原発では高濃度のヨウ素131、セシウム134、セシウム137が検出された。どこかで原発事故が起きている。スウェーデンの科学者たちがウクライナで原発事故があったことを突き止めて、ソ連は隠していた原発事故の事実を認めた。ダヴィドたちにとってチェルノブィリとフクシマは地球規模の事件だから、原発事故は「私たち」みんなの問題だ。

お茶の時間に日本から持って来たどら焼きを食べながらダヴィドと四人の職員たちと話をした。二〇一五年に河瀬直美の「あん」がカンヌで上映されて以来、どら焼きはフランスで知られるようになっていたので話が弾んだ。印象的だったのは、再処理工場と原発が立地する町や村では、場違いに立派な温水プールなどの施設が建てられ、地元の人たちの多くが原子力産業に雇用されて放射能の危険について口を閉ざすようになったと聞いたことだ。

お金で買収されて心変わりをするのは日本もフランスも変わらない。雇用と引き換えに今までなかった合意が形成された。待て。合意は本当に形成されたのか。ラ・アーグ再処理工場の労働組合は、専門家たちの安全シナリオを鵜呑みにするのではなく、高レヴェルの放射性廃棄物を数千年も地下に埋めている間にまだ知られていない問題が起こる可能性を指摘したことがあった（Barthe 2006: 37）。だが、働く人々は社会的に再生産するための諸事情を抱え、異論は沈黙させられてゆく。

第3章　コタンタン半島の超自然

襞のない街

カーン市内まで私を送る途中でトラムの駅を見つけると、ダヴィドは車を止めてチケットの買い方とACROまでの道順を教えてくれた。夕刻、私はオルヌ川北側の通りを歩きながら、街の様子がどこか変だと感じた。この中世の街には古い建物が殆どないのだ。

私が知る他の街の中心部には、それぞれの個性を持った古い通りがいくつかあり、異なる時代の建造物の構造をほぼ残したまま、新しいインフラストラクチャーが備え付けられ、内装が少しずつ変わり、個人史を反映した調度品が持ち込まれ、長さの異なる複数の伝統と、生活習慣が部分的に重なった日常が営まれる。それが街並みに深みと陰影と香りを与える。カーンの中心部にはそのような襞がない。

一九四四年六月六日未明。カーンの北およそ一五キロのコード名スウォードと呼ばれた海岸に英国軍が上陸した。カーンの西三〇キロのバイユーでは、英国軍は七日未明にドイツ兵が消えた街に入ることができた。一方カーンでは第二一装甲師団、ヒトラー青少年団を母体とする第一二SS装甲師団、エリート集団のパンツァーレーア装甲教導師団、更には東部戦線から第二SS装甲師団が援軍に来て、激しい地上戦と猛烈な空爆が続いた。

カーンはノルマンディの要所であり、その南側には航空機の離着陸場として使える平原が広がっていた。平原を見下ろす二つの丘陵112と113でも激しい攻防戦が続いていた。カーンを南北に二分するオルヌ川の北側が解放されたのは七月九日。南側が解放されたのは七月二〇日だ（Clark & Hart 2004; Hart 2005）。ノルマンディ上陸作戦のもう一つのターゲットだったシェルブールをアメリカ軍が陥落させたのは、それより早い六月二六日のことだ。

カーンを攻め倦んでいた英国陸軍のモンゴメリー将軍から、ドイツ軍の背後を空爆してくれとの要請を受けた空軍は、一九四四年七月七日の深夜から八日未明にかけて合計二二七六トンの爆弾を搭載した四四三機の爆撃機を出撃させて、市街地北部を爆撃した。この空爆はカーンの住民に破滅的な損害を与えたが、敵の戦死者は僅かだった。すでに戦闘地となっていた市街地は、爆撃によって過酷なまでにクレーターだらけになったが、空軍と地上軍との連携がまずく、この空爆はドイツ軍に対して効果的な戦果を上げられなかった（Clark & Hart 2004: 11）。

カーンの住民たちの日常では一体何が起きていたのか。クラークとハートが書いた英国国防省のブックレットとスピルバーグの「プライベート・ライアン」（一九九八）は、それぞれ戦略の観点と人間としてのアメリカ軍兵士とその家族の視点からこの戦争を描いているが、ノルマンディの日常には触れていない。

先に参照したクラークとハートのブックレットの中には、スコットランド連隊のある兵士がカーンの北半分が解放された一九四四年七月九日に書いた日記が収められている。「我々が街に入ってきたことに市民たちが気づいて、お化け屋敷のようだった家並みに活気が戻ってくる。彼らはワインのボトルとグラスを持って家から飛び出してくる」(Clark & Hart 2004: 12)。私たちは街に入って来た兵士とは異なる視点で、この状況に再接近することにしよう。

一九四四年六月七日早朝にバイユーに入った英国軍は、ベサン地方のフランス人たちが何を考えているのか調べるために、六月最初の一〇日間、すなわち連合軍のノルマンディ上陸前後に投函された手紙を差し押さえた。

ジャン＝リュック・ルルは次のように警告する。「全般的にノルマン人、特にベサン地方の人々が、物静かで慎重であることは知られているとおりだ。ドイツ軍による占領の重荷が、この「無口な」性格を更に増長したことは間違いない」(Leleu 2014: 100)。慎重なベサン地方の人々が心の内をそのまま手紙に書くと思わない方が良い。読者をそう戒めた上で、ルルは差し押さえられた手紙を分類する。手紙の19％はドイツに対して何も表明しておらず、19％は好意的で、62％は敵意を示している。

好意的な手紙の中に恋文がある。あるフランス人の女性はドイツ兵に宛てた手紙の中で、食べ物その他を小包で送ってあげましょうかと申し出ている。「私に手紙を書くときは気をつけてね」と別の女性は書く。ルルはこうした関係を、いささか小説風の「協力行為」と呼ぶ(Leleu 2014: 103-104)。ドイツ兵から送られた恋文も多数ある。

手紙の大多数はドイツを批判している。バイユーのある住民は次のように書く。「先週の木曜日は警戒した。城の広場に大砲が一門、オートバイが数台置かれ(…)その周囲に鉄条網が三重に張り巡らされていた。(近隣の)リトリへ向かう道端には無線機が備え付けられていた。(…)これを取り付けるために満開の花を咲かせた林檎の木々が切り倒され、生垣が平らに切られていて、これは一体何をするつもりなのか、と人々は不安げに自問した」(Leleu 2014: 104)。その翌朝、ドイツ兵たちは夜の間に移動して姿を消していた。

畑に塹壕が掘られて作物の被害を憤る手紙、牧場に地雷を撒かれて一五頭の牛を手放した男の嘆き、八〇人の職人が徴用でドイツに送られるために病院で検査を受けたという報せ、全ての元軍人と地元の有力者たちが逮捕されていると伝える手紙が続く。「毎日列車が爆撃されています。パパ。ルーアンやパリに行かないで。(…)これを書いている今も飛行機の一群が空を〈旋回〉していきました。昨日は一度に二一九機を数えました。これで近いうちに何か起こらないはずがありません。軍隊がシェルブールに向かって前進しています」(Leleu 2014: 107)。あなたのズボンを買いに来週カーンに行くつもりと彼女は綴る。彼女はカーンに買い物に来たのだろうか。

フランスは解放され、アメリカ兵との関係に誇りを持つことができた娘たちとは対照的に、ドイツ兵の恋人だった娘たちは、その性的な協力行為を罰するために広場で丸坊主にされ、頭と顔にペンキで鉤十字を書かれ、町中を引き回された。赤ん坊を抱いたまま引き回された丸刈りの女もいた。群衆はその姿を笑って見ていた。恋人との性的な関係が、共和国に対する反逆行為になったのだ。私はある記録映像の中で、一人の丸刈りの女に寄り添い、屈辱に耐えながら表情を変えずに歩く小柄な父親の姿を見たことがある。

オマハビーチを見下ろす丘の上にはアメリカ兵の白い墓標が累々と並んでいる。遠く離れたユイヌ＝シュル＝メールにはドイツ兵の黒い墓標がひっそりと並ぶ。毎年六月六日が巡って来ると、白い墓標には大勢の人々が押し寄せる。主役は上陸作戦に参加した英雄たちだ。彼らを迎えるフランスの子供たち、政治家、ジャーナリスト、それにアメリカとフランスの迷彩服の兵士らがノルマンディ上陸の成功を祝祭する。［二〇一九年六月六日の夜のニュースは、元恋人たちの七五年ぶりの再会をこぞって取り上げた。この美談を伝えるニュースキャスターたちは、みな満面の笑みだったし、涙を流すレポーターもいた。］

黒い墓標の群れが佇む墓地は静まりかえっている。この分類法の基底に、白い羊と黒い山羊を分ける最後の審判の寓話があるとしたら、それはアナクロニズムだし、野蛮なやり方だ。白と黒の外的な差異ではなく（過去の様々な出来事を契機に始まった多様な社会的な繋がりの現在を内在させた人それぞれの）内的な差異がより重要だ（cf. Strathern 1988）。

カーン二日目の朝。私はレジスタンスという名前の駅からエルヴィル＝サン＝クレール行きのトラムに乗って終点で降りた。ＡＣＲＯでギィと会う約束だ。

半島の先の再処理工場

トラムの終点エルヴィル＝サン＝クレールの近くに、エルヴィル・ショッピングセンターがある。そこは国際空港のターミナルのような「非場所」的な場所だ。私はどこにでもあるようなこの商業施設の駐車場を横切り、東西に走る自動車道路の脇の歩道を東に向かい、南北に走る自動車道路を超えるループを渡り、そこから分岐した小道を歩いてその集落を南北に貫く教会通りに入った。

一九五〇年代と六〇年代に膨張したが今では収縮しているカーンに呑み込まれる以前、ここはエルヴィルという小さな村だった。教会通りを北に向かうと、突き当たりに中世のロマネスクの教会を一五世紀半ばにゴシック様式で再建した小ぶりで鄙びた聖《サン》クレール教会が見える。

ＡＣＲＯはこの教会通りに面した「教会のガラージュ」という名のカトリック的で庶民的な自動車修理工場の敷地内にある。この位置取りは、差異に敏感な社会の中でＡＣＲＯが大衆に寄り添う意志を隠喩的に示している。壊れた機械を直す修理工たちと連帯しているようにも見える。

エルヴィル＝サン＝クレールという新しい地名は、古いエルヴィル村と聖《サン》クレール教会の記憶を刻銘している。私はガラージュの敷地を横切ってACROの扉を叩いた。

程なくギィがコタンタン半島先端のシェルブールに近いヴィランドヴィルから一三〇キロの距離を運転してやって来た。ギィは六〇代半ばの身のこなしも軽やかな年金生活者で、コタンタン半島のラ・アーグ再処理工場とフラマンヴィル原子力発電所の周辺で貝や海藻や土壌などの試料を採取する奉仕者《ベネヴォル》だ。ラ・アーグでプルトニウムが漏れていることが気がかりらしく、仲間たちとプルトニウムについて話している。

「ラ・アーグでは放射能の危険を口にすることがタブーになっていて、シェルブールの中学校でも教師たちはこれを話題にしない」とギィが言う。ミレイユが「それはタブーというよりも自己検閲ね」とコメントする。

なぜタブーではなく自己検閲と言うのだろう。厳格な宗教的禁忌を意味するタブーは、タヒチで人間の供儀を目撃したキャプテン・クックが、厳粛、首長の祈祷、供儀そのものを示す用語として記録した。そして彼の死後、部下たちが一七八〇年に英国に持ち帰ったポリネシア由来の概念だ（Knight 2010: 684）。

タブーは集団の成員に対して特定の物事を禁ずる超越的な力の働きを前提とするが、人はそのような力に対する畏怖の念を抱かずとも、保身のために自己検閲するだろう。放射能の危険性が、言葉の本来の意味においてタブーとなるためには、原子力は呪術的な力でなければならない。

パリのＥＤＦタワーがどんなにキラキラ輝いていようとも、フランス電力（ＥＤＦ）がタブーを支える宗教的権威ではあり得ず、再処理工場を運営するフランス電力の下請けとも言えるアレヴァ（現オラノ）の場合は尚更そうだ。だから口を噤ませる超越的な権威が問題なのではなく、世俗的な理由のために自己検閲することを選んだ私こそが問題なのだ。個々人が自己検閲を止めれば放射能の危険性は再び問題にされるだろう。だが、核兵器の破壊力はそれを持つ主権権力に超越的な霊気《オーラ》を与え、それはタブーとなるかもしれない。私たちは見送ってくれたミレーヌに挨拶して出発した。

二〇一六年一〇月一〇日のＡＣＲＯの報告によると、ラ・アーグ周辺の土壌からストロンチウム９０、プルトニウム２３９および２４０、コバルト６０、ヨウ素１２９、セシウム１３７、アメリシウム２４１が検出された（ACRO 2016）。

ＬＣＩニュースによれば、ＡＣＲＯがラ・アーグ周辺の物質から 492Bq/kg のアメリシウム２４１、土壌から平均 200Bq/kg のプルトニウム２３９および２４０を検出した。プルトニウム２３９の半減期は二四一一〇年。アメリシウム２４１のそれは四三二年（LCI 2017）。

ＡＦＰによれば、アレヴァはアメリシウム２４１で汚染された土壌を取り除くという。原子力安全局（ＡＳＮ）はこの問題は「過去に起きた汚染であり現在進行中の汚染ではない」とコメントした。ＡＣＲＯが発表したプルトニウムの値はアレヴァの公表値の六五〇倍以上だ（AFP 2017）。

公表された測定値も説明も、現実の問題の的を外している。過去に起きた汚染だと言明しても、稼働を続ける再処理工場には使用済み核燃料が運び込まれ、放射能汚染は続く。

私は古い石造りのチャペルを改装した遺跡とギャラリーと住居が混ざり合ったギィの家の勝手口から庭に向かって張り出した温室で、陶芸家だったマリーが調理した林檎のソースを使った昼食を食べ、ギィが醸造したシードルを飲んだ。ギィのシードルは不透明な薄い柿色で、栓を開けると中身が吹き出すから注意が必要だ。昔ロンドンのパブで後に人類学者となる友人たちと飲んだ透明でシャープなサイダーに比べると、その風味も香りも舌触りも複雑で、雑多な有機物をろ過しない味わいの面白さがある。デザートは林檎のムースとお土産に持って来たカステラだ。

チャペルの庭には、実をたくさんつけた林檎の木があった。ギィの父親は林檎農家だったという。原発と再処理工場さえなければ、ここはとても良いところなんだが、フラマンヴィルでは火災が起きて、ラ・アーグはトリチウムを海に流し続けて、放射性廃棄物を埋めた場所は汚染されている。

昼食後、ギィとマリーがフラマンヴィルとラ・アーグの周囲を案内してくれた。半島の先端の丘陵の上に伸びる広大な再処理工場は、三重のフェンスで守られ、無数のカメラが周囲を監視している。ギィは監視を逃れるようにスピードを緩めず車を走らせた。

ラ・アーグはその原始的な絶景で知られている。観光局がコタンタンの野生的な美を宣伝する澄み渡ったイメージの中に、再処理工場と原発の姿は見当たらない。景観の中で突出する原子力施設を隠した美しいイメージが再生産されている。ギィが言うには昔「ラ・アーグ」の商標で売られていたカマンベールが名前を変えた。チーズに土地の名前が刻銘されることを嫌ったのだ。隠蔽なのか、抑圧なのか、タブーなのか。

大自然が作った野生的な海岸線と渓谷と丘陵の不思議な調和。そのただ中に秘密に包まれた再処理工場の施設が累々と続き、原始的な自然の美しさと放射性廃棄物の不気味な不調和を生み出している。そこで人々が暮らす。

誰も原子力を悪く言わない

「ここでは家族の誰かが原子力の仕事をしている。息子とか夫とか父親とか。だから誰も原子力のことを悪く言いたくない」と後部座席のマリーが言う。助手席の私は「なるほど。社会的な関係と原子力産業が混交しているんだ」と相槌を打つ。「人々のメンタリティが変わって……それが社会構造化したのね。ここには小さな農家が多いから、これは完璧に……超自然的《シュルナチュレル》」とマリーが言葉を探し出す。「景観がすっかり変わってしまった」とギィが呟く。

車は再処理工場と並行して東に向かって走り、フェンスに沿って南に向きを変えた。敷地内に緑の土手のような構造物が並んでいるのが見える。「むかし放射性廃棄物を埋めたサイロで火災が起きて、放水した水が流れ込んだ。防水性に問題があって、それで今ではこの施設に貯蔵している。プルトニウムが漏れたんだ」と言ってギィは車を停止させた。私は頷いていたが、斑ら状にしか理解できない。私が写真を撮るとギィは再び車を走らせた。

ラ・アーグ再処理工場の敷地の東側には、放射性廃棄物管理機構（ＡＮＤＲＡ）が管理するラ・マンシュ保管センター（ＣＳＭ）がある。ＡＣＲＯによれば、この場所は「高所の湿地帯」

だったために、放射性廃棄物を埋設する場所としては「最悪の選択」だった（ACRO 2009: 4）。ならば三五メートルの崖を掘り下げたところに地下水が流入する福島第一原発の用地も最悪の選択だ。ここを水源地とするサン＝テレーヌという渓流が半島の北側のサン＝マルタンという美しい砂浜の入江に注ぐ。夕日が美しいサン＝マルタンから「あれ」は見えない。

一九六五年に放射性廃棄物を埋設する場所探しが始まり、翌年にラ・アーグ再処理工場の東側が用地として選ばれ、一九六九年に最初の放射性廃棄物がコンクリートの溝の中に積み上げられて屋根は土で覆われた。一九七六年一〇月に最初の事故が報告された。近くの川から異常に高濃度のトリチウムが検出されたのだ。一九八〇年九月二五日には大雨のために汚染水が水路から溢れ出した。排水ポンプが故障していたために、高濃度の汚染水がサン＝テレーヌ川に流れ込んだ。事故は公表されなかった。一九八六年六月から一九八七年六月にかけて、汚染水がサン＝テレーヌ川に流出する事故が何度か起きたが、この事実も埋設施設が受け入れを終えた後の一九九八年六月まで隠されていた。一九九四年に最後の放射性廃棄物を受け入れた後、問題化した防水性を強化するために施設をアスファルトで覆う作業が続けられた（ACRO 2009: 10-11）。

ＡＮＤＲＡによると二〇〇三年からＣＳＭは監視の段階に入っている（ANDRA 2015: 3）。ＡＣＲＯによれば、ＡＮＤＲＡは過去三〇年間の情報公開についてまるで「天使のように」語るが、放射性廃棄物の環境への影響についてはごまかしを並べる。例えば一九九四年一〇―一一月のトリチウムの濃度は12000 Bq/lだとＡＮＤＲＡは公表したが、一九九四年九月のトリチウムの濃度としてある自治体に伝えた85000 Bq/lの値は公表しなかった。一九九四年四月二五日のＡＮＤＲＡの内部文書によれば100000 Bq/lと1000000 Bq/lのとんでもない測定値が報告されていたが、これは公表されていない（ACRO 2009: 13）。なぜ内部文書が漏れるのか。放射能と同様に秘密もまた閉じ込めることができない。

ＡＮＤＲＡによるとＣＳＭの環境に対する影響は極めて小さい。トリチウムの放射線は極めて弱く、半減期も約一三年と短いとだけ表現する（ANDRA 2015: 3, 7）。ＡＣＲＯの報告書によればＡＮＤＲＡはトリチウムの危険性を過小評価している。放射性廃棄物を埋めた場所から流れ出る小川の水を人は飲まないが、放牧された乳牛はこの水を飲むだろう。トリチウムで汚染された水を飲んだ牛のミルクはトリチウムで汚染される。トリチウムは微量でも染色体を傷つけて変異を引き起こす可能性がある（ACRO 2009: 29-46, 54-58）。

私はこれを書きながら、下北半島の六ヶ所村にある再処理工場の広報を担う原燃ＰＲセンターで見た似顔絵展を思い出す。ＡＮＤＲＡの広報の出版物にも子供が描いたように描かれた絵が使われている（ANDRA 2015: 18）。彼らは子供の絵を使って純真無垢な雰囲気を演出する技術を共有しているようだ。私が訪れた時、原燃ＰＲセンターでは職員を募集していた。条件を見ると、経験不問と書いてあった。再処理工場の中では何が起きているのか、その内部の仕組みと実際のプロセスに詳しい人たちの話が聞ける訳ではないことが、図らずもそこに示されていた。子供たちがクレヨンで描いたパパとママの絵の数々は、再処理工場の内実を代表することができない。なぜそれがこんなにたくさんあるのか。罠を隠すカモフラージュのようなものなのか。私はそんなことを考えていた。

ギィはラ・アーグの再処理工場の東端の角を再度右回りに曲がり、北に工場の施設群、南に海を見ながら、今度は西に向かって車を走らせた。スマートフォンの画面には《ようこそグレートブリテンへ》と表示が出ている。コタンタン半島の先端は、六角形をしたフランスの主要な部分から突き出た辺鄙なところにある。緩やかな丘陵が続き、生垣には木苺が生えている。うねる大地と生垣と所々に残る古い石垣は、私が一九八〇年代の後半に数年間過ごした南ウェールズの海辺の風景を思い出させた。「ここの景色はウェールズに似ている」と私が言うと、「うん。ウェールズがノルマンディに似ている」とギィが応答した。

ギィは再処理工場の周囲を巡る道を離れて、見晴台のある海の方へ車を走らせた。再処理工場に背を向けて海の方へ少し下ると、鉄条網はすぐに見えなくなる。こうすれば「あれ」は消える。ここの人たちは、その名前を口にしない(Zonabend 2014: 82)。見晴台から荒涼とした海岸を眺めながら三人で話をしていると、地元の人らしい男がこちらを見ながら近づいてきた。男はすぐそばまで来ると目を逸らして海を見ていたが、聞き耳を立てているような気がしたので私たちは話題を変えた。

ラ・アーグは土地が貧しいために牧畜が行われてきた。一九五〇年代半ば、原子力庁（CEA）が再処理工場を建設する土地の買収を始めた。地元の人たちは委員会を作って土地を守ろうとしたが、CEAは土地の値段が最も安かったラ・アーグの地権者たちと個別に交渉を始めた。土地は極めて安かったからCEAの付け値は魅力的だった。ある男は人類学者のフランソワーズ・ゾナベンにこう言った。「何をしたらよかったたっていうんだい。そりゃいい値だったよ。べこ半頭にもならない土地に一頭半の値がついたんだ」(Zonabend 2014: 72)。

私たちは再処理工場の周囲を取り巻く道路に戻り、更に西に進んで北に曲がって車を降りた。再処理工場の敷地から水がチョロチョロと流れ出ている。水辺に小さなカエルがいる。放牧された牛がこちらを見ている。ここで採取した土からプルトニウムが出たとギィが教えてくれる。

私はウクライナ製のガイガーカウンターで水辺周囲の空間線量を測り始めた。0.25……0.27 μSv/h……「どれくらい？」とマリーが覗き込む。「それはセシウムだ。プルトニウムは測定できない。α線はほんのわずかでも、とてもとてもとても毒性が強いんだ」とギィが言う。

私のガイガーカウンターはγ線とβ線は計測できるが、α線は計測できない。だからこれを持っていてもプルトニウムの挙動を知ることはできない。アレヴァもANDRAも放射能のことになると天使のように振る舞う。だからギィたちが再処理工場の周囲から試料を集めて来る。

第4章　曖昧にしたまま進む

核の軍事利用と商業利用は分けられない

私がその日のうちにカーンまで戻らねばならなかったので、私たちはそこから二〇キロ東のシェルブールに向かった。

港を見下ろす解放《リベラシオン》博物館に続く坂道を私たちは登って行く。雨が降ってきた。マリーが傘を広げる。ギィと私はそのまま歩く。ノルマンディではよく雨が降る。ジャック・ドゥミの「シェルブールの雨傘」（一九六四）の舞台はこの街だ。この映画はフランスがアルジェリアで核実験を成功させた数年後に作られた。ミシェル・ルグランの旋律と共に、ジュヌヴィエーヴとギィのメロドラマを覚えている人も多いだろう。

物語は一九五七年一一月に始まる。ギィはシェルブール港の自動車修理工場で働く二〇歳のメカニック。その手はいつも油で汚れている。将来の夢は自分の修理工場《ガラージュ》を持つことだ。彼は病気の伯母エリーズと住んでいる。一七歳のジュヌヴィエーヴは街の傘屋の一人娘。二人は結婚を誓い合っているが、彼女の母マダム・エムリはギィが好きになれない。ギィに召集令状が来る。アルジェリア出発前夜に二人は結ばれる。

ギィから手紙は来ない。ジュヌヴィエーヴは妊娠している。傘屋の経営は苦しい。そんな時、マダム・エムリは店を訪れたパリのダイヤモンド商人ローラン・カサールを一目で気に入り、娘に結婚を勧める。一九五八年一月に二人は結婚する。一九五九年五月。負傷したギィが街に戻ってくると、傘屋は閉じられていた。ギィは亡くなった伯母の世話をしてくれたマドレーヌと結婚する。

雪が降ったクリスマス前夜。ギィのガソリンスタンドにメルセデスが止まる。運転していたのはジュヌヴィエーヴだった。隣に小さな女の子が座っている。二人は店の中で言葉を交わす。子供に会うかと聞かれてギィは首を横に振る。車は走り去る。クリスマスの買い物を終えて帰って来たマドレーヌと小さな息子をギィは迎え入れた。

不思議な映画だ。単純でセンチメンタルなメロドラマの進行と感傷的な旋律が分かりやすく配置されていて、主演の二人は口パクでミュージカルを演じる。今それは問題ではない。大きな力に押し流されながら愛ではなく生活の安定を選んだメロドラマは、なぜ多くの観客を惹きつけたのか。お金のために大切なものを犠牲にして豊かさを手に入れた人々の切ない悔悟。だがもう後戻りはしない。「シェルブールの雨傘」の主題は、原子力産業に依存して豊かな生活を生きる道を選んだ人たちの葛藤と同じ形をしている。

ギィとマリーは解放博物館の受付の男女と知り合いらしく、お互いどうしていたか楽しげに近況を話している。閉館まで時間がないので駆け足で抵抗と解放の展示を見て回る。博物館を出て港を望むと、雨は上がり、霧が昇ってゆく。

コタンタン半島の先端に位置するシェルブールは、軍港として栄えた歴史を持つ。海軍司令部があり、兵器廠では一九世紀末から潜水艦を作ってきた。一九七四年からは原子力潜水艦が建造されている。ラ・アーグ再処理工場では古くなった核弾頭からプルトニウムが取り出された。ここは、原子力潜水艦の建造と近隣のラ・アーグ再処理工場と、フラマンヴィル原子力発電所の原子力産業に依存してきた辺境の港町だ。今では兵器廠の規模が縮小して仕事が減っている。港では、日本から輸送されてきた使用済み核燃料が陸揚げされ、ラ・アーグに運ばれ、プルトニウムを精製した後でMOX燃料が作られ、ガラス固化した高レヴェル放射性廃棄物とともに再び日本へ積み出される。

私はギィとマリーにシェルブール駅まで送ってもらい、カフェでカーン行きの特急列車を待った。駅前は殺風景で、駅舎もそっけない。私が一年間過ごしたボルドーはTGV（高速列車）のスピードが格段に早くなり、パリとの「距離」が大幅に短縮したが、シェルブールは在来線の乗り継ぎが悪くなり、以前よりもパリから遠い。ここは辺鄙な場所だ。だから傘屋のマダム・エムリはパリから来た金持の宝石商に惚れ込んでしまうのだ。

プラットホームがゆっくりと後退する。カーン行きの在来線の特急列車は前触れもなく動き出していた。シェルブールの駅が遠ざかる。連合軍のノルマンディ上陸なしに、フランスが第二次世界大戦の戦勝国となることはなかった。海峡を見おろす丘の上の博物館には名もない英雄たちの遺物が誇らしげに陳列されていたが、貧弱なレジスタンスだけではドイツ軍には勝てなかった。フランスのあの勝利はアメリカと英国の勝利だった。フランスは誇りを傷つけられた。

インドシナ戦争（一九四六―五四年）では勝つものと想定していたベトミンに負けた。「スエズ危機」（一九五六年）に際してスエズ運河を支配するために派兵したが失敗に終わった。「シェルブールの雨傘」の時代的な背景となったアルジェリア戦争（一九五四―六二年）でも勝利を収められないまま、第四共和政は崩壊した。

フランスは、アルジェリア戦争の最中の一九六〇年二月一三日に、アルジェリアのレッガーヌで大気圏内核実験を行なった。なぜフランスは独立戦争を戦う植民地で核実験を行う必要があったのか。一九六〇年はアフリカの年と呼ばれ、フランスの旧植民地だった一三カ国が独立した年だから、フランスがアルジェリアで行った核実験は突出している。ドゴール将軍はフランスの力を誇示する必要に迫られていた。彼らは第二次世界大戦で喪失したフランスの誇りと地位と唯一無二の存在理由を、核開発によって手に入れようとしていた。目指したのはアメリカに頼らない独自の核開発だ。

一九五四年の暮れ、首相のピエール・マンデス＝フランスとCEA長官のピエール・ギヨマが原子力開発について話し合っていた。そこには国防大臣もいた。「今行われている研究のどの部分が経済的な関心に拘わり、どの部分が軍事的な関心に拘るのか」と首相が聞いた。「あと三年間は軍事的なものと経済的なものを区別することはできません」。「その前提で構わない。我々は研究を続けなければならない」。マンデス＝フランスは当時を回想して次のように語る。「あのような研究の肯定的な面を、フランス経済から切り離すことはあり得なかった」（Hecht 2009: 79）。

問題の核心がここに在る。原子力の軍事利用と商業利用を区別しないまま研究が続けられていた。両者は最初から深く関係していたのだ。

一九五〇年代初頭、マルクールのCEAのプルトニウム生産炉G1に小さな発電ユニットが付けられて発電用となった。一九五九年にマルクールの原子炉G2が稼働してプルトニウム生産が本格化した。アルジェリアのサハラ砂漠で核実験を成功させた一九六〇年以前から、核兵器開発を進めるCEAとエネルギー自給を目指すEDFは、深い関係にあったが、それぞれ独自の道を歩み始めていた（Hecht 2009: 55-90, 95）。

CEAが経済性に縛られずに核開発を進める一方で、EDFは原子力発電の経済性を追求した。後者は前者の原子炉に発電用という名目を与え、前者は後者の原子炉からプルトニウムを手に入れた。アレヴァは二つの再処理工場で両者の仕事を請け負っていた。あの高速増殖炉フェニックスはCEAのプロジェクトから生まれ、六ヶ所再処理工場はラ・アーグのクローンと呼ばれている（Barroux 2002）。六ヶ所村の人々にとって初めての経験だったこの出来事も、事業者側には共有された経験の蓄積があったと考えて間違いない。

巨大プロジェクトは止まらない

二〇一七年九月二九日の夜。私はパリ二区で行われた集会に出かけた。ナポレオン三世の時代に建てられた三階建の区庁舎の三つのアーチには自由《リベルテ》、平等《エガリテ》、友愛《フラテルニテ》と刻銘されている。雨の降る歩道に人々が集まって来たが、時間になっても扉は閉じたままだ。隣の女性が「今日やるのかしら」と私に聞く。自由の扉が開いて守衛が顔を出す。私たちは扉をくぐり、ホールを横切って石の階段を上り、次にぎしぎし鳴る木の階段を上って集会室に入り腰掛けた。

古びた集会室では、一九五七年に再処理工場の爆発事故が起きた（その事実は隠されていた）ウラルの核兵器製造施設マヤークで働く人々が住む地図上にはなかった町を、隠しカメラで撮影したサミラ・ゴエチェルの「City 40」（二〇一六）が上映された。その後、フランスに亡命した映画の中で育児をしながら被曝者たちを助けていたナデズダ・クテポヴァがロシア語訛りのフランス語で重苦しい日常について話した。聴衆の中に若い人は少なかった。

翌九月三〇日の土曜日。コタンタン半島の付け根に位置するサン＝ロでは、ＥＤＦとアレヴァがフラマンヴィルに建設中の第三世代の欧州加圧水型炉（ＥＰＲ）に反対するデモ行進が行われた。ギィがこの出来事を伝える三つの新聞記事を送ってくれた。二つの新聞が、若者を含む一五〇〇人の参加者たちが道路でダイインした写真を掲載していた。

ギィは土曜日の集会は参加者がとても少なく、そのやり方は反対運動を分裂させていて「とても失望している」とメールに書いてきた。確かに一つの記事が取り上げていたのは、ニュース性の高い大統領選挙に出馬していた左翼のジャン＝リュック・メランションの「服従しないフランス」の支持者たちだった。

私はEPRについて書かれた記事とフランスの原子力政策の歴史に関する文献を読み進むうちに、参加者が減ったデモを取り巻く状況を理解しはじめた。

鎌中ひとみの「六ヶ所村ラプソディー」(二〇〇六)の中に、再処理工場の建設に対して反対だった女性たちが、「できてしまったものはしょうがない」と語る場面がある。反対を口にする人は今では少なくなっていた。次第に存在感を強める再処理工場は、より確実なものになったのだろうか。より確実なものになるというよりも、それは時間をかけてゆっくりと性質を変える。

アメリカ合衆国のハンフォードや英国のセラフィールドの再処理工場が辿った過程を見れば、それが用済みになった後も、その場所は放射能で高度に汚染され、再処理工場があった場所は、目的を変えて核のごみの処分場となってそこに在り続けると予想される。放射能汚染の深刻さが、その場所の将来を決定づけるから、政治的な約束に意味はない。
二〇一八年六月八日のル・モンドは「核、中国がEPRのレースに勝利」の見出しの下に「原子力産業にとって素晴らしいニュース」というEDFの原子力事業の責任者の発言を引用して、フランスのEPRよりも二年遅い二〇〇九年に中国政府と中国広核集団が70％、EDFが30％出資した合弁会社が着工した台山一号機が六月六日に臨界に達したことを伝えていた。フランス政府はEDFの80％以上、CEAと合わせてアレヴァの90％以上の株を保有している。これは民間企業の仕事ではない。フランスと中国の複数の国営企業が協働して、ようやく最初のEPRが稼働したのだ。フランマンヴィル三号機（1650MW）は二〇〇七年に着工して二〇一二年には発電を始める予定だった。だが次々と問題が起きて工事は遅れ、総工費は当初の三〇億ユーロから一〇五億ユーロになっていた。完成予定は変更を繰り返し、稼働は二〇一九年にずれ込み、総工費も更に高くなることが予想されている。一番早く二〇〇五年に着工したフィンランドのオルキルオト三号機も遅れ続けて完成していない（Le Monde 2018.6.8）。
［この部分を書いてから一年が過ぎ、フラマンヴィル三号機はASNに格納容器の溶接に安全上の問題があることを指摘されて、稼働は二〇二三年にずれ込むことが予想されている（Le Monde 2019.6.22）。］
その一ヶ月前、私はEDFが英国のヒンクリー・ポイントでEPRを二基建設するという記

事を読んだ。総工費一九六億ポンドの三分の二をＥＤＦ、三分の一を中国広核集団が調達する。英国政府は出資しないが、三五年間に渡り現在の電気料金の二倍以上に当たる１ＭＷ当たり九二・五ポンドを保証する。採算は取れるのか。まだ完成していないＥＰＲが稼働することをＥＤＦは証明できるのか。そんな懸念が伝えられていた（Le Monde 2018.5.6-7）。

科学の人類学の手法で、事実がより不確かだった「上流」へとフラッシュバックしてみよう（Latour 1987）。

二〇一五年一一月二九―三〇日のル・モンド「核、北京とモスクワが駒を進める」には、フランスの原子力産業の低迷についての懸念が記されている。ロシアはエジプト、中国はアルゼンチンに原発を輸出することを合意した。アレヴァは二〇〇七年以来、原発を輸出していない。「世界で建設中の原発の４０％を占める中国国内の原発建設がどこよりも野心的だとしたら、ロシアはどこよりも原発の輸出に成功している」（Le Monde 2015.11.29-30）。ＥＰＲは中国で建設中だった東芝―ウェスティングハウスの第三世代のＡＰ１０００を追いかけている。

それよりも更に一ヶ月前、ＥＤＦ会長のジャン＝ベルナール・レヴィが、フランスで稼働している五八基の原子炉を、二〇三〇年から二〇五〇年にかけて全てＥＰＲに置き換える巨大な計画を明らかにした（Le Monde 2015.10.25-26）。

過去に遡ることで見え始めたのは、原子力産業の不確実な存在様態だ。ＥＰＲの完成は遅れ続け、総工費は膨らみ続け、アレヴァは二〇一五年の時点で四八億ユーロの負債を抱えていた(日本経済新聞 2015.9.25)。その競争相手のAP1000の工事も遅れ続け、巨額の損失は東芝の経営を圧迫していた。なぜ成果を上げていない巨大な計画への関与を深めるのか。バリー・ストーは、不確実なプロジェクトに対する拡大的な関与を「一つの行動過程への関与の増大」と呼ぶ(Staw 1981)。

アメリカがベトナム戦争への関与を強めていた一九六五年七月に、国務次官ジョージ・ボールはジョンソン大統領に対して「南ベトナムにおける一つの妥協的な解決策」という表題のメモを送り、戦争に深入りしないよう説得を試みた。

「大勢のアメリカ軍兵士がいったん直接戦闘に関与したならば(…)その多くが戦死するだろう。いったん多くの戦死者を出したならば、もはや元に戻ることがほぼ不可能な過程を進み始めているだろう。我々の巻き込まれ方はあまりにも深く、国家が屈辱を被ることなしに、我々の目的を完全に達成する手前で引き返すことはできないだろう。(…)私の見るところでは、我々がもしも南ベトナムで戦うために多くのアメリカ兵を送り込む前に行動すれば、我々は短期的な対価を払うことで、長期的な大惨事を避けることができるだろう」(Ball 1965)。

ジョンソン大統領はボール国務次官の進言には耳を傾けず、戦線を拡大して泥沼にのめり込んでいった。ストーは次のように問う。「重要な問題は〈客観的な〉事実によって保証された状況を超えてまで関与を拡大する傾向があるのか。我々の研究によればその答えはイエスの条件を満たしている」(Staw 1981: 584)。

ストーの洞察に触発されたウィリアム・ウォーカーは、英国のソープ再処理工場が、客観的に見ればすでに破綻していた核燃料サイクルを前提として、事業を拡大していった関与の拡大は、ある種の「魅惑に取り憑かれた状態」だったと結論づける。「退却ではなく前進することを良しとし、前進することが叶わない時には、退却を考えることを先延ばしすることを良しとする社会的な嗜好が染み付いている」(Walker 2000: 844-845)。それは欲動なのか。

技術は政治

二〇一八年七月一七日に日米原子力協定が自動延長された（日本経済新聞 2018.7.21）。核燃料サイクル政策は継続が認められるが、その内実は破綻している（朝日新聞 2018.7.15）。高速増殖炉「もんじゅ」は事故を繰り返して廃炉が決まり、代わりに共同研究をすることを決めたフランスの高速炉ASTRIDは計画の縮小が決定した。六ヶ所村の再処理施設は完成の先送りを繰り返し、高レヴェル放射性廃棄物の最終処分場の予定地は決まらず、プルトニウムは増え続ける（日本経済新聞 2017.12.23）。

原発事故が起きた双葉町と大熊町には中間貯蔵施設が造られ、放射性廃棄物は三〇年後に県外に運び出す約束だが、最終処分場はどこにもない。三〇年経てば高レヴェル放射性廃棄物がすでに大量に存在しているという理由で、また周囲に人が住んでいないという理由で、そこは最終処分場の有力な候補地になるのだろう。我々は目的が時間と共に変化することを、歴史的に知っている。

必須の部分を決めずに走り出した巨大プロジェクトが迷走する。同じことは財政再建と人口問題にも当てはまる。ただ先延ばしを続けるこの態度について、エマニュエル・トッドがコメントしている。「人口動態危機について、日本人には何も行動しないまま議論し続ける能力がある」（朝日新聞 2018.7.18）。彼らの常套句「丁寧な説明」は市民の側から見た時、無駄な時間だとしても、国家から見れば、内容のない丁寧な説明を続けて時間を費やして状況と文脈の変化を待つことには戦略的な意義があるのだろう。

巨額の資本を投下しても成功しないプロジェクトに、拡大的な関与を続けて深みにはまってゆく人間の不可解な行動を説明するにあたり、バリー・ストーが取り上げた企業と国家が関わるプロジェクトが示すパターンは、身近なところでも繰り返されている。

ある企業が航空機のブレーキを開発するに当たり、求められた技術仕様を、与えられた製造原価で達成できると、自らの能力を過大評価していた。その企業は政府との契約を勝ち取ったが、契約条件を満たすために投下した労力は膨らみ続けた。期日までに技術仕様を満たして完成させねばならない圧力に屈して、その企業はブレーキの試験結果を改ざんした。関係者の多くはブレーキと技術仕様が異なることを知っていた。試験飛行の際に、ブレーキに問題が発生して、航空機は滑走路から逸脱する事故が起きた（Staw 1981: 577）。

その航空機は、ベトナム戦争において地上の陸軍をサポートするために、今はないＬＴＶが開発したアメリカ空軍のＡ７Ｄ軽攻撃機だ。一九六七年六月に、やはり今はないグッドリッチは、二〇二組のブレーキの入札を異常な低価格で勝ち取った。四枚ディスクのブレーキを設計したのは上級エンジニアのジョン・ウォレン、ブレーキの試験を行ったのは一年前に入社した若いサール・ローソン、そして事件を内部告発するカーミット・ヴァンディヴィエが性能報告書を書いた。

ローソンの仕事は、工場の実験棟でブレーキの性能試験をして、航空機を五一回連続して止めることができて、摩擦材料に変化がないことを保証することだ。軍が定めた試験で性能が保証されれば、ブレーキは航空機に装備され、一九六八年六月には試験飛行が行われる手順だった。プロトタイプで実験をしたローソンは、ブレーキが異常に加熱して分解してしまうことを発見した。

ブレーキを試作して実験した結果、ブレーキの摩擦面が小さすぎることが原因だったことをローソンはすぐに理解した。ローソンは五枚ディスクに設計変更することを進言したが、ウォレンは摩擦材料で解決しろと言う。すでに部品はサプライヤーに発注されていた上、ウォレンは若造に設計に問題があると言われたくない。ローソンはウォレンの上司に問題を報告したが、上司は試験を続けろと言うだけだった。ローソンは怒っていた。

ブレーキの性能報告書を作成するヴァンディヴィエも、結果が何であれ性能を保証するようにと圧力を受けた。ヴァンディヴィエが上司のラッセル・ラインに問題のあるブレーキ試験について相談すると、ラインは「これは私には関係ないし、お前にも関係ない。随分前に私は自分の手に負えないことは心配しないことにした」と言った後で「(手に負えないことのために)なぜ良心の呵責を感じなければならないのか」と言い放つ。ローソンとヴァンディヴィエは嘘をつくことに苦しみながら、工場ぐるみの詐欺行為に加担していった。

納期が迫り、ブレーキの設計変更ではなく、嘘をつくことが選ばれた。一九六八年六月に試験結果を改ざんした性能報告書が提出され、試験飛行が直ちに行われて事故が起きた。ローソンから試験飛行の事故について知らされたヴァンディヴィエはブレーキ試験のデータ改ざんをＦＢＩに通報した。ローソンとヴァンディヴィエは辞職して、原告側の証人台に立った。グッドリッチは五枚ディスクの新しいブレーキを直ちに無料で納入することを空軍とＬＴＶに申し出た。隠蔽に関わった上司たちは、誰も罪に問われず会社に残り、ラインは昇進した。そして、ローソンはＬＴＶのＡ７Ｄ担当となり、ヴァンディヴィエは新聞記者になった (Vandivier 1972)。

彼らはなぜ嘘をつくことを選んだのか。ヴァンディヴィエの証言を読むと、彼らが生活を守るために嘘をつくか、嘘をつくことを拒否して職を失うかの二者択一に追い込まれていたことが分かる。だが工場ぐるみで嘘をつくことが唯一の方法となったのは、納期が迫り、設計変更のオプションが消えた時期だ。それよりも早い段階で引き返す機会はあった。しかし上司たちは、変更に伴う面倒な交渉を嫌ったために、やり直す機会は失われた。

新しい技術を手に入れようとする複数の企業の利害が交錯し、更に国家の利益が関与する巨大プロジェクトには、魅惑と罠がある。それは関与するアクターたちに大きな威信を与えるが、巨額の損失なしにそこから抜け出すことはできない。損失の穴埋めには税金や公共料金が使われる。二〇〇四年に日本政府は原発の輸出を促進するための環境を整え始めていた（日本経済新聞 2004.11.19）。ウェスティングハウスを買収して加圧水型原子炉の保守と建設をコントロールしようとした東芝による「関与の拡大」を後押ししたのは、経済産業省だ（朝日新聞 2017.3.10）。

ウィリアム・ウォーカーは、英国のソープ再処理工場、ノースロップ・グラマンのB2ステルス戦略爆撃機、それに英国、ドイツ、イタリア、スペインが共同開発したユーロファイター戦闘機を、止まらない巨大プロジェクトの例として挙げる（Walker 2000: 845）。セラフィールドのソープ再処理工場については、我々は後に詳しく見ることになるだろう。

これらは全て国家間の覇権争いに関わる戦略的な技術革新のプロジェクトだ。そこには経済と政治と科学技術、すなわち企業と国家の思惑が絡み合った覇権闘争が絡んでいるように見える。この地平では、奇妙な言葉が語られる。二〇一一年九月七日の読売新聞の社説には「例外状態」（Agamben 2005）の呟きがある。

「日本は原子力の平和利用を通じて核拡散防止条約（ＮＰＴ）体制の強化に努め、核兵器の材料になり得るプルトニウムの利用が認められている。こうした現状が、外交的には、潜在的な核抑止力として機能していることも事実だ」（読売新聞 2011.9.7）。潜在的な核抑止力としてそれが機能するためには、その潜在的な能力が短期間の内に実在する核抑止力になることを意味している。

この奇妙な主張が意味を持つ地平では、原子力の軍事利用と平和利用の区別はない。特別のポテンシャルを持つ原子力技術の開発を選んだことによって、政体が特別の能力を手にしたと理解されていることが重要な効力を持つ。だから技術は政治であり、その効力は魔術的ですらある。

ガブリエル・ヘックは、原子力開発の歴史的な事例を積み上げて、選択された技術と政治の関係を論証する。政治家たちが公の場で語る説明とは裏腹に、選ばれた技術が政治を雄弁に語っている。ＣＥＡの技術者たちは、マルクールで建造されたＧ１、Ｇ２、Ｇ３の黒鉛減速ガス冷却型原子炉の技術的選択が、核兵器開発の政治的な意志と一体であることを理解していた（Hecht 2009: 112-113）。

一九五四年に当時のフランスの首相とＣＥＡ長官の間で交わされた「あと三年間は軍事的なものと経済的なものを区別しない」という会話の数年後に核兵器の開発が顕在化した歴史的な事実は、プルトニウムを生産する黒鉛減速ガス冷却型原子炉という技術的な選択が、核兵器開発を目的とした政治的な選択だったことを示している。

我々はこれと同様に、高速増殖炉と再処理工場の完成を目指す技術的な選択は、政治的な選択だと理解する。核燃料サイクルが破綻した後も、受け入れやすそうな口実を探しながらプルトニウムを保持し、巨額の費用をつぎ込んで再処理工場の完成を目指し、高速炉ASTRIDという実現が遠のいたプロジェクトに関与して、我々が直面している重大な問題、例えば（再処理工場でプルトニウムを生産していながら）増え続けるプルトニウムを減らすのに高速炉は役立つという口実を使って核抑止力にもなっていると主張するそのプロジェクトの延命に力を注ぐ。

技術的選択は政治的選択だと理解すれば、不可解なことにも説明がつく。ウォーカーは六ヶ所村の再処理工場について次のように書いた。「六ヶ所村の工場の建設費は最近では二〇〇億ドル程度と推定されており、これは世界で最も高価な設備投資となっている」（Walker 2000: 841）。ウォーカーが世界で最も高価な設備投資だと指摘してからおよそ二〇年が過ぎても再処理工場の建設は終わらない。一九九七年の完成予定は二三回延期されて二〇二一年に完成する予定だ。総事業費は二〇一七年一二月の時点で一三兆九千億円だったが、更に膨らむと予想されている（日本経済新聞 2017.12.23）。

二〇一九年四月下旬。経済産業省が放射性廃棄物を減らす高速炉や小型原子炉の開発を進める三菱重工と日立を支援することが判明した。日立は高速炉によって「日英仏に保管する日本のプルトニウムの早期削減に貢献できる」と表明した（日本経済新聞 2019.4.28）。これはプルトニウムの早期削減のためには高速炉の早期開発が必要だという口上であり、アメリカが採用している地層処分というもう一つの解決方法は、候補地もなく選択肢とはなっていない。政治的に選択肢を無くして、国家の中枢と原子力業界は、失敗を続ける夢の原子炉プロジェクトに拡大的な関与を続ける。小型原子炉の開発は何を目指しているのか。原子炉の汎用化だ。それを巡航ミサイルに搭載する意図があっても隠されるだろう。技術が核の魅惑に取り憑かれている（cf. Gell 1992）。

核兵器はゆっくり拡散する

一九七七年に着工して一九八六年に稼働したフランスの高速増殖炉スーパーフェニックス（１２００ＭＷ）は、事故を繰り返して一九九六年に廃炉が決まった。全稼働期間の設備利用率は７％を下回ったが、ＣＥＡは失敗だったとは考えていない。科学技術の進歩には犠牲はつきものだと彼らは主張するだろうが、本書の最後で再び取り上げるように、どこへ向かう誰にとっての進歩であるのかを問題とせずに、このドクサを一般化すれば、人道に対する罪でさえも進歩のために必要な犠牲であると言えてしまう。ＣＥＡはスーパーフェニックスと核兵器の結びつきを公式には否定する。だがプロトタイプのフェニックスは、核兵器製造に必要なプルトニウムの生産に使われていた（Schneider 2009: 44）。

フェニックスとスーパーフェニックスを取り巻く状況は異なり、今ではシミュレーションだけで核兵器開発が可能になりつつあるために、スーパーフェニックスと核兵器開発の関係は、定義上は否定できるだろう。想定通りではなかったとはいえ、高速増殖炉が可能性を開示した技術は、太陽に届きたいイカロスから見れば、その実現に近づくための試みだったと捉えられるだろう。現にレーザー核融合の実験施設では「小さな太陽」が作られている。一見してばらばらに見えるいくつかの研究は統合して考えられている。

一九六八年に建設が始まり一九七三年に稼働を始めた高速増殖炉フェニックスは、偶然にその年に起きた石油危機から、化石燃料の枯渇問題を解決する、という大義名分を手に入れたが、その存在理由は別のところにあった。スーパーフェニックスが廃炉となった後、CEAが計画中の高速炉ASTRIDは、放射性物質および廃棄物を減らして最終処分を容易にする、という異なる問題を解決する目的を担わされている（「長寿命の放射性物質および廃棄物の管理計画法」二〇〇六―七三六第三条）。

私はこの法令に惑わされていたようだ。ACROのラボで私が翻訳した報告書によれば、スーパーフェニックスとASTRIDは技術的に全く同じものだという（ACRO 2019）。目的は異なるとしても、技術は同じなのだ。私はこのことをダヴィドと話し合い、法令という一つの表象を通して現実を対象化してはならないという当たり前のことを思い知った。

CEAは核兵器開発を含む原子力の先進の研究開発を担い、工業化の可能性を帯びてくると、それを部分的にEDFやアレヴァなどに移譲してきた。スーパーフェニックスの廃炉を任されたEDFは、高速増殖炉の廃炉の技術が手に入るこの役回りに取り組んでいる（EDF 2017）。こうして手に入れた廃炉の技術を、EDFは「もんじゅ」を単独で廃炉にする技術を持たない日本に売り込むことができる。しかしこれは単なる想定であって、セラフィールドの事例で明らかにするように、廃炉、廃止、クリーンアップの現実は、ＥＤＦとアレヴァの能力を遥かに凌駕している。

同じことはラ・アーグ再処理工場にも当てはまる。ＣＥＡが作った（後にアレヴァとなり二〇一七年にオラノとなった）コジェマが運営したラ・アーグ再処理工場には、沸騰水型原子炉の使用済み核燃料の再処理技術はなかった。しかし日本から引き受けた再処理の仕事を通して、ノウハウが蓄積された。六ヶ所再処理工場はラ・アーグ再処理工場のクローンだから、移転された技術の中にはこれも含まれるだろう。だが問題は、核不拡散に抵触する再処理工場のウラン濃縮とプルトニウム分離・精製の技術だ。

ＣＥＡの原子力エネルギー部門の長として高速増殖炉の研究開発に携わった後、長官の顧問として働き、その生涯を原子力開発に捧げたジャック・ブシャールは、「今では原子力開発の軍事部門と民事部門は全く別物で、両者の間には関係はない」と前置きした後で、「最初の頃は知識が限られていたために、同じ技術が、軍事部門でも民事部門でも使われていた」と言う（UCTV 2009）。

ブシャールの発言は歴史的で関係的な文脈の中で解釈しなければならない。彼はＣＥＡについて聞かれた際に、原子力エネルギー、放射線医療、天体物理学の分野を挙げたが、核兵器開発については触れなかった。核不拡散と原子力開発の矛盾について質問されて、彼はようやく軍事部門について語り始めた。

原子物理学が専門だったこのテクノクラートの発言のコンテクストを少し説明しておこう。「同じ技術」とは一九五〇年代から六〇年代にかけて建造された黒鉛減速ガス冷却型原子炉のことだ。ＣＥＡがマルクールでプルトニウムを生産するために建造したＧ１（７ＭＷ）、Ｇ２（４０ＭＷ）、Ｇ３（４０ＭＷ）は、それぞれ一九五六年、五九年、六〇年に稼働した。ＥＤＦがシノンで建造したＥＤＦ１（７０ＭＷ）、ＥＤＦ２（２１０ＭＷ）、ＥＤＦ３（４００ＭＷ）は、一九六三年、六五年、六六年に稼働している（Hecht 2009: 91-129）。

ＥＤＦ１は、Ｇ２をモデルに建造され、ＥＤＦ１を改良してＥＤＦ２が生まれ、これを改良してＥＤＦ３が生まれた。ＥＤＦはこの後、アメリカのウェスティングハウスから加圧水型原子炉の技術を取り入れて、黒鉛減速ガス冷却型原子炉は役目を終えた。ブシャールが、「今では全く別物だ」と言うのは、この技術的進化の一つ目の分岐のことだろう。未だに完成しないＥＰＲが第三世代だ。ＣＥＡとＥＤＦの技術的進化は第四世代の高速増殖炉の開発において、再び部分的に重なるが、これは実現していない。

ブシャールによれば、核兵器を製造する技術は、たとえ核不拡散の国際的な監視が行われていても、ゆっくりと拡散することは避けられない（Bouchard 2013）。だからＣＥＡは国家の防衛とエネルギー自給のために技術革新を追求し続ける。

一九六三—六九年に南太平洋の核実験に関わり、一九七一年からCEA長官の顧問として核兵器開発に従事したジャン・ティリィ将軍が、一九七八年に「高速増殖炉が完成して必要なプルトニウムを大量に生産するようになれば、フランスはあらゆる種類の、あらゆる破壊力を持った核兵器を製造することができる」と報告したことをル・モンドが伝えている（Le Monde 1978.1.19）。この点をマイクル・シュナイダーが一九八七年に確認すると、彼は「言って良いことではないが（…）私はクレイマルビル［スーパーフェニックスの建設地］とその高速増殖炉を擁護する。なぜならばそれは軍事用の特別な品質のプルトニウムを生産するからだ」と答えている（Schneider 2009: 45）。高速増殖炉には、口に出せない存在理由があったことがわかる。

ブシャールは二〇〇九年のインタビューの中で、プルトニウムの生産について次のように言う。「十分な量があると我々は考えているので、軍事分野の原料の生産は中止している。（…）もしも生産を再開したとするならば、そのようなことはないのだが、今我々が民事の分野で使っているのと同じテクノロジーを使ったものではないだろう」。それは何か。

ブシャールは核兵器開発の技術革新に言及して、フランスが究極的に核実験を止めた二つの条件について次のように言う。「一つ目は、核実験のシミュレーションに必要な、明確に確立されたデータを持つことだ。これを完成させるために、それ以前に持っていたものに加えて、数回の核実験を行う必要があった」。彼はその後のシミュレーションのために大型コンピュータ（Tera 100）が開発されたと言う。二つ目は「核兵器を維持するだけでなく、人々の能力を維持することだ」。彼は続けて、アメリカの国立点火施設（ＮＩＦ）と同じような施設（ＬＭＪ）が、フランスでも完成したと言った（UCTV 2009）。

もう一つ必要なピースは、核爆発の模擬実験を超高速撮影できるＸ線誘導加速器（Airix）だ。技術的進化の新たな分岐を可能にするレーザー核融合の施設は、大阪大学にもある。研究に必要なスーパーコンピュータも開発されている。

このような研究開発の分野では研究協力が欠かせないとブシャールは続けるが、「我々の協力は一般的な知識の次元に止まる」と断言する（UCTV 2009）。高速炉ＡＳＴＲＩＤやレーザー核融合の開発において研究協力しても、共有される研究の中身は「一般的な知識の次元に止まる」ように圧力がかかるだろう。マンハッタン計画がそうだったように、核心部分は共有されない。

ＮＩＦのレーザー核融合の研究は何を可能にしたのか。プリンストン大学プラズマ物理学研究所のロバート・ゴールドストンは、地下核実験を行わなくても核兵器開発のシミュレーションが可能になり、核不拡散は異なる形態を取るようになるという。実験のデータセットがその対象となるが、現行のシステムはこの事態をコントロールできない（Goldston 2011）。核兵器開発は、国際的な監視システムが及ばないところで、異なる技術を使って進められている。日本でもこれに関連した様々な研究が進行している。

幕間　私は私に追いつかない

書き手の私と、テクストの中の私は、異なる時空を別々に進んでいる。私は私を追いかけている。だがもう一人の私が見聞きしたことを、文献を読んで裏付けたり、関連した出来事について理解しようと試みている間に、距離は開くばかりだ。もう姿は見えない。なぜ私は遅れ続けるのか。様々な場面のテクストの中の私を追いかける書き手の私の方が、経験を後追いしているにもかかわらず、時間的には先を進んでいるからだ。再帰的に考えながら、コンテクストについて学び直しながら、いくつもの出来事を追いかけている間に、変異が徐々に起きて、分岐を行かねばならない。だから私は様々な時空の中に留まる私を次々と登場させるしかない。それは記述する私の移動する今ここと、記述される世界の今ここが一度はその只中で生き生きと経験されたとはいえ、それは言葉によって新たに再現前されねばならない。

私が書き足せば延びてゆくテクストの中の私は、二〇一七年九月下旬にノルマンディからパリに戻り、一九五七年に起きたウラルの再処理工場の爆発事故と環境の放射能汚染について興味を抱き、ラ・アーグで見た野生的な海岸と再処理工場の不釣り合いな世界を思い起こし、建設費が膨らみ続け、いつまでも完成しない第三世代原子炉が提示する問題（原子力に未来はあるのか）について考え始めようとしている。彼はもうすぐ帰国して、仕事の合間に富岡と浪江を訪れる。ノルマンディと福島を歩いた後、彼はつくばに戻り、国家と企業が事実の改ざんに手を染める異常な日常の中で、事実とは何かを考える。

書き手の私は、二〇一七年の晩秋に、連載が始まった「戸惑いと嘘」の元となる原稿を短期間のうちに書き上げた。日々の雑用に翻弄されて、掴みきれていないこの問題が、拡散し、どこかに消えてしまうことを防ぐためだ。全ては二〇一七年の秋から冬にかけての数ヶ月間の過程だったので、詳細に粗さが目立つものの、オリジナルは、ある種の一貫性を保っている（内山田 2018）。私はその後も様々な場所に出かけて、多様な人々と出会い、いくら読んでも追いつかない膨大な文献を読み進みながら、関係のありそうな主題を追いかけている。そのためなのか、今書いているこれは並列分散的なものになり、オリジナルから分岐して成長を続けている。もうすぐフランスに出発しなければならない。［これを一冊の本として作品にするために推敲する私は、書き始めてから二年が過ぎたことに起因する難しさに直面している。始めと終わりは遠く離れている。］
二〇一八年三月に三〇年振りに戻ったエチオピアは、すっかり変わっていた。ロシアが原子力発電所を造ることが決まり、ニュースを伝えるキャスターは誇らしげだった。原子力開発を進める際に、来るべき未来に備えて準備しなければならない放射能汚染、使用済み核燃料の処分、廃炉はどうするのだろう。
首都アジス・アベバの南側には、遠くから見える巨大なごみの山が現れていた。そこに行ってみると、茶色の液体が道路に流れていた。流れに沿って坂を登ると、中国が造ったごみ焼却発電施設があったが、それは稼働していなかった。自然発火したのだろう。ごみの山のあちらこちらで煙が立ち昇っている。市中では、悪臭を放つどぶ川の水が、野菜畑の灌漑用水として使われている。大規模な土地の強制収用も進んでいる。
スーダンとケニアとの国境に近いエチオピア南西部のオモ川下流域には、肥沃な大平原が広がっている。私は一九八〇年代半ばにエチオピアで同僚だった久田信一郎と一緒に、オモ川下流域に中国がエチオピアとの合弁で作った製糖工場を見に行った。その地域の中心都市ジンカには、オモ川下流域の牧畜民たちが、木製の枕だけを手に持って、集まってきていた。牛を放牧できる草地が減ったために、土地争いが起きていて、それを解決するために来たのだという。

オモ川下流の肥沃な土地は、広大なサトウキビ畑になっていた。そこに道路が作られ、巨大な製糖工場ができていた。そこでは中国人の技師たちが働いている。小銃を手にした迷彩服の警察が入り口を守っている。私たちはそこで待たされた。周りには牧畜民ムルシたちが座っている。時折、中国人たちが出入りする。フリーパスで歩いて中に入るムルシの女たちがいる。水道の水を汲んだり、落ちているペットボトルを拾うことが許されているようだ。中国人の真新しいランドクルーザーの後部座席に座り、工場に入ってゆくムルシの年配の女性を見た。彼女はどんな特権を持っているのだろう。目の前の建物に壁に貼られた横断幕が目に止まった。「Rapid Development 快速发展」。急速な発展というスローガンが書いてある。

私たちはカメラを置いて工場に入ることが許された。広い工場の中には、一人の年配の白人と通訳の二人連れと、やはり年配の中国人の幹部らしい人とより若い二人の中国人の三人組が、少し離れて工場内を移動していた。皆白いヘルメットを被っている。その白人の男は猛烈に怒っていた。しかし中国人の三人組が目を逸らして固まっているので、彼は通訳に向かって文句を言いつづけていた。

私は彼らが移動したのを見計らって、中国人の上司に付き添っていた一人に近づき、英語で話しかけた。彼が何をしているのかと聞くので、「アジス・アベバ大学に来て、エチオピアの発展の問題について研究している」と答えた。「ああ大学。ここの発展の研究か」。「いや。エチオピア各地の発展の問題だ」。彼が気さくな人のようだったので、私は「ここが発展する上で困難な問題は何か」と聞いてみたが、彼は沈黙していた。「この国の良いところは何か」。「ここの良いところは土地がいくらでもあることだ」と言って彼は微笑んだ。この国家プロジェクトは牧畜民の間に土地争いを引き起こしている。

広大な工場の敷地内には、洪水が運んだと思われるごみが散乱していた。オモ川流域では過去にも洪水が起きているが、この工場では洪水対策が取られていない。糖液を濃縮する工程の巨大なパイプから、茶色の液体がゴボッゴボッと飛沫を上げながら漏れ、外に漏出して池ができている。サトウキビの搾りカスを加工して発電する施設には、煙突が二つ突き出ていて、その一つから黒い煙がもくもくと出ていた。なぜ黒い煙が出るのか聞いてみた。搾りカスが燃えないので、重油を入れて燃やしているという。バイオマス燃料で発電するのではなく、化石燃料を燃やして発電している。もう一基は稼働していない。砂糖を搬出する工程も大部分が稼働していなかった。

私は二〇一一年七月二三日に中国の温州で起きた高速鉄道の事故を思い出す。事故の二日後、中国政府の鉄道部は、重機を使って事故車両を高架の下に埋めた。事実の解明ではなく、快速発展《クワイスーファージャン》が優先している。二〇一八年六月にアレヴァとEDFが開発したEPRとウェスティングハウスのAP1000が、世界に先駆けて相次いで中国で臨界に達した。これも快速発展だ。

フラマンヴィルで建設中のEPRの完成が遅れている理由の一つは、加圧水型原子炉の二次冷却系のパイプの溶接がASNの安全基準に達していなかったことだ。中国のEPRはこの安全基準に達しているのか。このような疑問を抱いて、人に尋ねたり文献を調べたりして解ってきたのは、中国の安全基準とフランスのそれは異なるということだった。

二〇一六年一二月二二日に開催された内閣府原子力委員会の会合で、岡芳明委員長が次のように発言している。「〈もんじゅ〉問題の本質は（…）商業化問題遅延だと思います。（…）一〇基ぐらい建設できることを商業化といいますが、軽水炉は原型炉を造ったらすぐ商業炉を建設しました（…）これが普通です。それから私、中国の清華大学の教授に言われたことあるのですが、実験炉を造ったらすぐ商業炉を始めなければいけない。これは（…）正しい」。安全性の確立よりも実現を優先するやり方が正しいと言っている。続けて「軽水炉発電より安価な高速炉発電」という目標を示唆した上で、高速炉と核燃料サイクルの商業化の成立条件を国際的な視野で検討することが必要だと彼は主張した（原子力委員会 2016）。

これは解体の準備が進む英国のソープ再処理工場が、かなり以前に目指して実現できなかったことと同じだ。その上、目的が発電ならば、建設費が高騰し続ける軽水炉も、実用化の目処が立たない高速炉も必要ない。この問題設定の問題は、選択肢を二つのタイプの原子炉に狭めている点にある。目的は別のところにある。

ケヴィン・ケリーは、中央集権的で単線的な巨大施設を必要とする核エネルギーを、PCをネットワークで繋ぐ並列分散処理と比べて、前者を二〇世紀の技術と呼ぶ（Kelly 1994: 5-28）。重厚長大な再処理工場も同じだ。使用済み燃料からプルトニウムを分離・精製するための化学的処理を、何度も繰り返すため、配管の総延長はとてつもなく長くなり、放射性物質が漏出する危険性が高くなる。一部が故障すればシステム全体が止まる。一方、ニューロンのように並列に繋がる「ネットワーク的な心」は、一部が機能しなくてもネットワーク全体の機能は保たれる。

古い構造の原子力施設は、同じ構造の中央集権的国家の庇護を必要とする。国家はこの技術を手に入れることによって、序列の中で地位と名誉を手に入れたいのだ。これは科学ではなく、象徴、あるいは物神にすり替わっている。

第5章　境界の浸透性

「良い水」の放射能汚染

ギィが送ってきた地方紙の記事の切り抜きには、ＥＰＲ建設に反対するデモに参加した若い女性のエピソードが挿入されていた。エリーズは、シェルブール西隣のケルクヴィルから来た若い母親だ。二〇〇六年に彼女は甲状腺癌の手術を受けた。「ラ・アーグに存在するあの放射能。私はあそこで水遊びした」。エリーズは、子供たち、甥たちと姪たち、父親、多くの支持者たちと来ていた（La Presse de la Manche 2017.10.1）。

この小さな挿話には、興味深いことが折りたたまれている。彼女が親族たちと一緒に来ていたこと。ラ・アーグの海で水遊びをしていたこと。ラ・アーグに住み、甲状腺癌を患った若い女性が、三世代の親しい親族とデモに参加したことは、何を指し示しているのか。「私はあそこで水遊びした」の意味が解るところまで、辿ってみよう。

今の人類学は、科学技術、人工頭脳、生命科学、環境や人口移動などのグローバルな問題も研究対象にするが、親族と婚姻は、古典的な研究テーマだ。だからこれに関わるエピソードに出会うと、過去の多様な事例たちが、思考の中で活性化し始める。

考え始めた。

エリーズとサン＝ロに来ていた三世代の親族たちは、彼女のラ・アーグでの経験に寄り添う共通の場所の記憶と感覚を持ち、その観点からEPRに反対しているのではないか。私はそう考え始めた。

エリーズは、なぜラ・アーグの海で水遊びしていたのか。そこには、再処理工場と核廃棄物の埋設施設があり、近くのフラマンヴィルでは、二基の原子炉が稼働していて、三基目のEPRが建設中だ。このような海で泳ぐ必要はなかった。実際、再処理工場の東隣のボーモント＝アーグには、立派な「オセアリス」水浴センターがあり、この施設の中で水辺の遊びを満喫することができる。

こう問うことは、ラ・アーグの日常は再処理工場を前提にしていると思いなす誤謬だ。暮らしはずっと続いていた。コタンタン半島先端部のラ・アーグの生活世界は、ラ・マンシュ海峡（英仏海峡）を船舶が往き交い、大潮のリズムが繰り返し、多様な魚介類が獲れ、嵐の後に漂流物が流れ着く、海に開かれた場所だった。この海岸で水遊びをする感覚は、「オセアリス」水浴センターの、閉じた施設の中で水遊びをする感覚とは全く別物だ。

一九八〇年代前半にラ・アーグで調査を行ったゾナベンの研究に導かれながら、海の宝に恵まれた、海辺の生活世界に接近してみよう（Zonabend 1984）。

コタンタン半島の北端に位置するシェルブールの更に西側の三方を海に囲まれた半島の先端

部。ここがラ・アーグだ。その先には英国領のチャンネル諸島の島々が続く。大きな港がないラ・アーグでは、小規模の沿岸漁業と酪農が営まれていた。海峡の流れは極めて早く、延々と続く野性的な海岸には強い西風が吹き付ける。一見すると、この荒々しい海岸と、谷間に身を潜めるように建てられた家々のある陸は、二つの対照的な世界に見える。だがそうではない。両者は相互に浸透し合っていて、この海のある世界が、ラ・アーグの人々の生き方を形作ってきた。

子供たちは大人の目が届かない海岸で自由を満喫する。若者たちが村の農民的な空気から逃れるためにやって来るのも海岸だ。青年たちと娘たちは、別々の群れをつくり、崖の上の小道を、あるいは砂浜の上を、歩き続ける。

「日曜日はランドメールか砂浜に散歩に行ったけれど、搾乳のために帰らなければならなかった。私の未来の夫も、姉妹たちと一緒に来ていた（…）。私は彼を見た（…）だけど彼の方から交際を申し込んでくるまで、私は彼とは決して口を利かなかった（…）」（Zonabend 1984: 167）。ノルマンディの人々は無口で、ラ・アーグの若者たちは恥ずかしがり屋だった。

ランドメールの崖の上の小道は、エリーズが住むケルクヴィルの西五キロほどのところから始まる。エリーズもまた、ランドメールの崖の小道や砂浜の上を、そぞろ歩いたことだろう。

吹き付ける西風を遮り海を見晴らす場所にはベンチが置かれ、村の老人たちが毎日やって来る。彼らはそこに腰掛けて、海岸と海を見張っている。そこを通り掛る子供たちや村人たちは、立ち止まり話を聞く。海の方を向いて話が続く。場所の社会性、記憶、感覚が伝わってゆく。大潮の干潮時に、人々が浜に出て来て魚を取ることをロカイユ（足で魚を獲る）と呼ぶ。「かき集める」という意味だ。男も、女も、農民も、漁民も、職人も、税関吏も、郵便配達人も、学校の先生もみな出てきて、この広大な収穫の遊びに参加する。そう。こんな辺鄙なところに税関吏がいたのだ。

嵐の後には難破船の漂着物が流れ着いた。ラ・アーグの人々は、この漂流物を拾う権利を持っていた。嵐が来ると「船が難破しますように」と神に祈った。牛の角にランプを吊り下げて、崖の上の道に放った。方向を見誤った船を座礁させる策略だ。ワインの樽、蒸留酒、家の補修に使えそうな梁やマスト、薪になる流木など、何でも拾い集めた。税関吏が漂着物を調べに来る頃には、価値のあるものはすっかり取り去られていた。

再処理工場が稼働を始めた後、人々はキノコもエスカルゴも怖くて食べない。だが海のものは安全だ。ミミガイ、タマキビ、イチョウガニ、ワタリガニ、ロブスター、ボラ、シロイトダラ、スズキなど全て食べる。バターにシードルを一さじ加えてカサガイを焼いたり、海の「良い水」に塩とパセリとアサツキとタマネギを加えて魚を煮たりする。「良い水」は牛を清めて安産させる聖水でもある。海の水は「きれい」な水だ。だから汚さないように気をつける。

人々は海岸で遊び、自由を享受し、愛を知り、魚介を獲り、海藻を集め、打ち上げられた宝を拾って家に持ち帰った。だからエリーズがここで水遊びしたのは、自然なことだった。ラ・アーグの海岸は、村の慣習に縛られない自由な場所、出会いの場所、海が運んで来る遠い地の宝を見つける場所、大潮の時に足で魚を獲る場所、全てを清めて料理を美味しくする「良い水」を汲む場所だ。この荒々しい海岸が、ラ・アーグの人々を何世代にもわたって育んできた。

この海に、放射性物質が漏出し、夥しい量の汚染水が排水管から放出されている。私はリヨンで、ノルマンディに向かう準備をしている。

基準の根拠

再処理工場の周囲から人を移動させる必要がある。そう書かれた事業者側の文書を読んだことがある。それは再処理工場の周辺に人が住むことが危険だという前提を隠そうとしていなかった。ラ・アーグは人口が少ないから、現地雇用枠は影響力を持つし、問題があれば住民を移住させることも可能だということか。再処理工場はラ・アーグの領主のようだ。

大量のトリチウムがラ・アーグの海に放出されている。アレヴァの報告書によると二〇一六年には12.3PBq（ペタ＝10^{15}ベクレル）が放出された。それは放出量の上限18.5PBqの範囲内に収まっている（AREVA 2016: 26）。六ケ所再処理工場の年間放出量の上限は18PBqだ。環境ではなく、再処理される使用済み燃料の量が、この上限の根拠となっている。論理が転倒している。

福島第一原発のタンク群に貯蔵された一〇〇万トンを超える汚染水には、どれくらいのトリチウムが含まれるのか。ＡＣＲＯで聞くと3.4PBq、福島民友の報道によれば1PBqと推定されている（福島民友 2018.8.28）。再処理工場と比べた時、それはより安全に見えるが、この比較の根底には転倒がある。

ASNの『トリチウム白書』（二〇一六）は、トリチウムを気体として放出する場合のインパクトは、液体として放出する場合の一〇〇〇倍となるという比較を使い、トリチウムを海に放出することで、リスクを格段に減じることができると主張する（ASN 2016: 206-207）。

アレヴァと協力関係にある研究者たちの報告によれば、二〇一四年に78TBq（テラ＝10^{12}ベクレル）のトリチウムが大気中に放出された。これはフランスで大気中に放出された全トリチウムの25％に相当する。再処理工場周囲の環境にはトリチウムが存在するが、その85％は毒性が低いHT（トリチウム水素）の化学形だという。再処理工場周辺の大気中に存在するのは、毒性の高いHTO（トリチウム水蒸気）ではなく、より安全なHTだと彼らは結論する（Connan *et al* 2017）。

これらの研究では、より危険なものと比較する修辞法によって、ラ・アーグのトリチウムは「より安全」であると主張される。では再処理工場の周囲は人間にとって安全な場所なのか。再処理工場の一〇キロ圏内では、子供の急性リンパ性白血病の患者数が、一〇キロ圏外よりも多い事実が報告されている（Guizard *et al* 2001）。

二〇一八年九月一七日の朝、私はパリのサン＝ラザール駅からノルマンディに向かう特急列車に乗り、終点のセルキニィで降りた。出発を遅らせてカーン行きの直通列車に乗ることは可能だったが、乗り継ぎをしてみたかったから、手間のかかる方を選んだ。ルーアンの方面から来る線路とパリから来る線路がここで合流してシェルブールまで続く。

セルキニィで乗り換えの普通列車を待つが、予定を過ぎても来ない。人々はじっと待っている。二〇分以上遅れて来た列車に人々が乗り込むと列車は走り出した。鮮やかな雑木林と牧草地と畑。終着駅カーンが近づき、シェルブール行きの乗り換えの車内放送が流れる。シェルブールは遠い。ラ・アーグはその先にある。

私はカーンの駅前からトラムに乗って街の中心まで行こうとしたが、トラムの路線は全て掘り返されている。ゴムタイヤ型のトラムを路面鉄道型に切り替える大工事をしている。歩かなければならない。スマートフォンのネットはなぜか繋がらず、地図が使えない。磁石を頼りにホテルを目指す。

私はランニング中に痛めたアキレス腱を守るためにテーピングをしてきた。足を引きずりながらスーツケースを引き、でこぼこの迂回路や砂利道を苦労して歩く。キャスターの一つが回らない。時折見かける足の不自由な人たちの様子が気にかかる。怪我のために分類の境界が変わり、私は足が不自由な人のカテゴリーに含まれている。実在は変わる。分類は変わる。ホテルに着いて代行バスを調べるが、ネットには情報がない。フィールドワークらしくなってきた。

翌朝、バスを見かけたので行ってみた見当違いのバス停で、エルヴィル＝サン＝クレール行きの代行バスがどこから出ているのか尋ねる。その人は真っ直ぐ行って曲がれと身振りで示しながら親切に教えてくれた。バス停が見つかった。券売機もある。バスはすぐに来た。運転手に挨拶して乗り込んだ。だが次のバス停で終点だと言われた。反対方向のバスだった。失敗を繰り返しながら、あたりまえのことを構築してゆく。

気に掛かっていた「境界対象物」(boundary object) の話をしよう。それは領域が異なる複数の社会世界に同時に存在する対象物だ。それは厳密に定義されていないが、対象物としての実体を持ち、異なる関心を持つアクターたちによって、それぞれの意味づけがされる。この複数の境界に位置する共通の対象物は、多義的な関与を可能にするから、コンセンサスなしにアクターたちのゆるやかな協働を可能にする (Star & Griesemer 1989)。

アクターたちを分断する境界対象物ではないものから始めよう。諫早湾の堤防排水門と、二〇一〇年に確定した開門を命じる判決の執行を許さない一八年八月三〇日の福岡高裁の判決だ。「漁業者の共同漁業権は一三年に消滅し、開門を求める権利も失われた」。漁業者は漁業権を持っていない。開門を求める権利もない。制裁金を受け取る権利もない。その時の漁師ではないからだ。

私の手元に残ったフランス国有鉄道の乗車券には、九月一七日、セルキニィ発一二時五三分、カーン着一三時四四分、と印刷されている。これは想定された現実を表象した対象物だ。セルキニィの駅では、遅れが一五分を超えても「列車は五分遅れる」という放送が繰り返された。

現実と表象の乖離は広がっていたが、人々はそれをやり過ごして待っていた。二〇分以上遅れた電車は、多様な乗客を乗せて、それぞれの目的地に運んで行った。

もしも不変の定義が、揺らぎや変化を許さなかったら、何が起きていただろう。想定を根拠に定義を厳格にすると、生きた多様な存在者たちを収容できなくなる。列車が遅れて到着した。あなたは所定の時間にその列車に乗っていない。乗車権は遅れた列車を待つ間に消滅して、列車に乗る権利は失われた。論理が倒錯している。

放射能と生命の交叉

二〇一八年九月二四日。カーン二度目の月曜の朝にACROのラボに行くと、物理学の博士号を持つミレイユとドイツ語と英語が専門だったカリンが、週末はバイユーに行ったのかと聞く。金曜日の昼休みに、週末に戦禍を免れたバイユーに行こうかなと話していたのだ。

しかし私は原稿を書きあぐね、土曜日はホテルに籠り、冒頭から書き直したり、主題と関係のありそうな論文を読んだり、別のやり方を模索して時間を浪費した。部屋の掃除は断り、前日に買った調理済みの食料を二度食べて、起きていられなくなるまで作業を続けた。日曜日も朝早くから原稿を書き始め、日付が変わる頃に寝て、翌朝の暗いうちから起き出して最後の部分を書き、推敲をしてから原稿を送り、バスに乗ってACROに来た。

重大な関心事だったバスは背後に退き、自然化して日常の前提の中に沈み込んでいる。再処理工場はどうか。それは半島の丘の上で突出している。

私は次のようなことを考えていた。ラ・アーグの生活世界は、海と陸が相互に浸透する間の世界の性質を持っている。再処理工場、放射性廃棄物の埋設施設、原子力発電所が稼働を始めても、人々は海と陸が交流するこの間の世界に出入りしている。このような様相を持つ間の世界では、交流と遮断が、想定を超えた場所で、想定を超えた仕方で、交叉している。

「ギロチン」と呼ばれる潮受け堤防で遮断された諫早湾の干潟。そこは干潟が成長を続け、生命活動が循環する世界だった。ムツゴロウやウナギが獲れただけではない。そこは多様な微生物が有機物を合成し、食物連鎖の繋がりを通して魚介類が育まれ、シギなどの鳥や人間がその一部を捕食した。海と陸の間に広がる世界の、多様な生物の多様な活動の様相が、生命活動を育む長大な循環を可能にしていた。干潟は境界対象物なのではないか。

諫早では魚介を獲るだけでなく、「農地を肥沃にするための肥料として、海草や海藻、そして生殖群泳するゴカイまでもが採集され、陸に運び上げられてい」た（佐藤 2014: 25）。干拓地の地力が弱くなると「干潟のガタを肥料代わりにまいた」（永尾 2005: 7）。農家は冬場に干潟でノリ養殖をした（永尾 2005: 16）。漁民で農民だった人々は、干潟の生命活動の恩恵を得ていたが、海水の侵入にも苦しんだ。この間の世界では、珪藻、ムツゴロウ、漁民農民、干拓地のような相互浸透的な間のカテゴリーが息づいていた。

一九九七年四月一四日。異質な世界認識に立脚した潮受け堤防が、この間の世界を切断した。ラ・アーグでは、畑の地力を上げるために、小農たちは海岸に打ち上げられた海藻を陸の上の畑に運び上げて、土の中の微生物の環境を豊かにした。これによって畑の生産力が上がる。海と陸の交流、微生物と人間の協働関係が、生活の中に入り込んだ農業の実践の基礎にある。微生物の活動が肥沃にした土が、農業のインフラストラクチャーだ。境界対象物の概念を作ったスーザン・スターの表現を借りれば、それはスケールがより大きな境界インフラストラクチャーだ（Bowker & Star 1999）。

ラ・アーグも諫早も、海と陸が交流する間の世界だ。再処理工場と潮受け堤防は、どちらも単純かつ排他的で人間中心的な世界認識に立脚している。交流と遮断と漏出。諫早湾では、潮止めによって赤潮が発生して海苔が育たなくなっている。原子力発電所では、放射能を閉じ込めることが安全の基本だ。それは再処理工場と放射性廃棄物の埋設施設でも同じだ。しかし原子力施設では必ず放射能漏れが起きる。トリチウムは除去されずに海洋放出される。他の核種も様々な部分から漏出し、あるいは放出されている。遮断されるはずの放射性物質が環境の中で生命活動と交流する。例えばβ崩壊するストロンチウム９０は、化学的にカルシウムと性質が似ているために、生物の体内で記号論的にカルシウムと誤認されて骨に蓄積する。

日常の前提の中に沈み込んだ不可視の基礎の部分について考えるために、私は境界対象物と境界インフラストラクチャーへと迂回しようとしていた。

私はＡＣＲＯのラボでは、カーン大学で物理学を学び、その後、物理学、化学、生物学の教員たちが教える学際的な産業環境学の修士コースで学んだギヨームと同じ部屋にいた。ギヨームは様々な実験用の機材が置かれた三つの部屋と我々のデスクがあるオフィスの間を行き来している。私は間もなくホームページに掲載されようとしているフランスの核燃料サイクルの破綻について書かれた文書を日本語に翻訳していた。

この日は午後三時頃にギヨームとラボを出発して、車でノルマンディの東部海岸に試料の採取に出かけた。最初に石油精製工場や火力発電所が立ち並ぶセーヌ川河口右岸のル・アーヴルで水質調査をしているNGOの事務所を訪れた。そこで水と泥の試料をル・アーヴル港のどのポイントで採取したか説明を聞き、容器に入れられた試料を受け取った。ここの水と泥から、セーヌ川上流のノジャン原発、ル・アーヴル六〇キロ北東のパリュエル原発、コタンタン半島のラ・アーグ再処理工場由来の様々な放射性核種が検出されている。セーヌ川の水には流域の化学工場から排出された様々な重金属も含まれている。これは環境をどう知覚するかという基本的な問題だ。放射性核種は人間に与えられた感覚では知覚できない。だから放射能汚染の事実を知るためにはラボが必要なのだ。

私たちはパリュエル原発の東七キロほどの所にあるサン＝ヴァレリ＝アン＝コーの海岸に向かった。ここで試料を採取する地元の奉仕者《ベネヴォル》たちと合流することになっている。私は車中でギヨームにこれまでのことを聞いた。彼はエルヴィルの出身で、ACROの近所に住んでいた。市民科学者のラボで働きたかったのでネットで「放射能、市民、実験室」とタイプするとフランスに二つしかないNGO（もう一つはローヌ川下流のヴァランスにあるCRIIRAD）のうちの一つが家の近くにあることを知って驚いた。ギヨームは志望の動機を書き、自転車に乗って面接に来た。二〇一一年四月に見習いとして働き始めると、福島から試料が続々と送られて来た。カーン大学の産業環境学修士コースの同級生の中には、EDFやアレヴァに就職した人たちもいる。なぜそこに就職しなかったのかと尋ねると、「政治信条の問題としてそれはあり得ない」と彼は答えた。

ギヨームは修士コースの同級生たちと、ラ・アーグ再処理工場の見学に行ったことがある。環境の放射能汚染の話題が出た時、アレヴァの社員は「影響はゼロだ」と断言したという。「環境への影響を具体的に示すべきなのに、ゼロだと言い切るとしたらそれは嘘だろう」と言うと、ギヨームは「それは嘘だ」と頷いた。再処理工場と環境の関係は遮断できない。私たちは午後六時四〇分に海岸に到着した。

第6章　海辺を歩く

石膏海岸の色

広大な畑と牧草地が続く田舎道を走り、小さな港町に着いた。ギヨームはバケツ、ビニール袋、プラスチックの容器、ステンレス製のヘラ、ハサミ、長靴、記録用紙、フェルトペンなどを積んだワゴン車をカジノの駐車場に止めた。

道すがら見た景色は、大規模経営の英国に比べるとフランスの農業は小規模である、という三〇年前にウェールズで学んだＥＵの農業政策の図式とは異なっていた。ギヨームに聞くと、人口が減り、農家の数も減って、経営規模が大きくなっているという。

まるで運河のように内陸に入り込んだサン＝ヴァレリ＝アン＝コーの港には、ヨットが係留されている。両側には並木道が整備され、観光施設やホテルやレストランやカフェが点在するが、空き店舗が目立つ。りっぱなプールと図書館もある。港の東側には、コンクリートで埋め立てられた岸壁が浜にせり出し、その上にカジノが建っている。このような配置を決定した常套句が聞こえるようだ。コンクリートの埋立地は、海岸の方から眺めると、醜い構造物に見える。中でゲームに興じながら、あるいはナイトクラブで酒を飲みながら、絶景を満喫するのだろうか。

　戦争で破壊された町の再建と一体となった港の開発も、海岸にせり出したコンクリートの埋立地も、政治的な意志と、経済的な思惑と、開発計画の想定と、予算の算段と、大規模な土木工事の合成体だ。完了した過去の仕事と、長い持続の中で生起するゆっくりした諸活動の堆積の上に私たちは立っている。

　港の西側は崖が海に突き出ているから、七キロ西のパリュエル原発はその陰に隠れて見えない。東側は「石膏海岸」と名付けられた高さ三〇メートルあるいはそれ以上の白い崖が続く。五〇キロ向こうにパンリー原発があるが、崖を抉って建造されているので、その姿は隠されている。政治美学的な配慮が原発を隠し、市民たちのラボが放射能を可視化する。

　東に伸びる白い崖は、遥か遠くで緩やかに弧を描きながら北にせり出してカレー海峡（ドーバー海峡）を形づくっている。そこまで行くと対岸の白い崖が見えるだろう。石膏海岸が北にせり出す手前のソンム湾の奥にはサン＝ヴァレリ＝シュル＝ソンムの村がある。ギヨーム（征服者ウィリアム）がイングランドの征服に向けて海峡を渡るために船団を隠していた場所だ。

　石膏海岸の崖の地層は見渡す限り水平で、断層や褶曲を見慣れた目には不思議な光景だ。崖の上方にはドイツ軍のトーチカの跡が所々に見える。トーチカが廃墟になったように、原子力発電所も廃墟になるのか。それは危険すぎる。

ワゴン車の後ろの扉を上げて、長靴を履いていると、シルヴィがやって来た。続いてアラン、リシャールとフランソワーズも来た。アランと私以外はお揃いの青いウィンドブレーカーを着ている。背中に「ACRO 環境放射能の市民による監視」と白い文字が並ぶ。全員がオリーブ色のゴム長靴を履いている。

私は四人がACROの奉仕者《ベネヴォル》だと思っていたが、そうではなかった。それぞれがセーヌ＝マリティーム県の地域のNGOを代表して三ヶ月毎にここに試料採取に来ているのだ。組織の縦の関係ではなく、自由な市民の横の同盟。フランス革命以来の市民が連帯するやり方だ。シルヴィは、パンリーにEPRを建設する計画に反対するルーアンのNGO、アランとリシャールは、健康と環境問題に取り組むルーアンの消費者のNGO、フランソワーズは、自然と環境を守るNGOの連合体のルーアンの代表として来ていた。アランとリシャールは同じNGOの仲間で、リシャールとフランソワーズは夫婦だ。シルヴィとアランが七〇代、リシャールとフランソワーズが六〇代後半で、環境問題に取り組む市民の年齢の高さが際立っている。シルヴィが最年長で、ギヨームだけが若い。

カジノの駐車場で挨拶を交わした後、ギヨームが半年前に採取した試料の分析結果を説明しながらレポートを手渡している。前々回に採取した試料が、比較可能な数字に翻訳されてフィードバックされる。ギヨームは、バケツとヘラを手渡して、これから行う作業について説明している。貝と海藻を集めてくれと言うが、どの貝と、どの海藻のことなのか、想像がつかない。

　コンクリートの埋立地から、玉石が積み重なった海岸に降り立つと、足が予期せぬ方向に沈んで歩きにくい。岩場まで来ると、ギヨームがカサガイが岩についている場所を見つけて「こっちへ来い」と私を呼ぶ。早速同じようなカサガイを取って見せると、それは小さ過ぎると言う。なるほど。食べ頃の大きなやつを獲れば良いのか。私はゾナベンの論文のカサガイを思い出して、これは食べるのかとリシャールに聞くと、「もちろん食べる」と言う。フランソワーズが食べ方を教えてくれる。アランが「中国人の帽子《シャポ・シノワ》とも、ベルニックとも呼ぶ」と解説する。（帰って調べるとベルニックはケルト語派のブルトン語の言葉だ。石膏海岸がコーンウォールやウェールズやスコットランドと繋がり始める。）ギヨームが、「ある時、カサガイを実験室に持ち込んだら、全部消えていた。なぜか分かるか。それが美味そうだったからだ」と言って皆を笑わせる。

　海藻の採取は難しかった。ギヨームは、ヒバマタ属のFucus serratusを集めてくれと言う。Fucus vesiculosusと比べながら両者の違いを指差して教えてくれるのだが、誰もうまく区別できない。彼は諦めて一人で採取して袋に詰めた。海水もギヨームが採取した。海岸での試料採取は、部分的に重なる共同作業だった。カサガイは皆にとって馴染み深い食用の貝で、環境指標生物でもあるために、協働を可能にする境界対象物でありえたが、例の海藻はそうならなかった。

少し離れたシルヴィに声をかけると、「ほら。太陽の光で海の色が変わる」と海の方を指差す。「私はこの海岸を一〇キロくらい散歩する（…）夏時間はだめ。自然の時間があるのに、無理に変えるから調子がおかしくなる。私は自然の時間でここを歩く（…）」。この海岸にEPRが造られることを阻止するために、彼女は海岸で人々に話しかける。政治家が話す様子を観察する。それはパフォーマンスなのか。心からそう思っているのか。シルヴィが足を止めて足元を指差す。「ほら。この赤い海藻と緑の海藻。光が当たると色が変わる（…）」。シルヴィはターナーが描いたこの海峡の光と色について私に話す。光の変化が世界のあらゆる色を目まぐるしく変化させる。この充溢。

沈みかけた太陽が影を遠くに伸ばす頃、私たちは四人と別れの挨拶をして海岸を後にした。車は西に向かって走る。畑と牧場の中の一本道は、黄昏時の薄暗くも奇妙に明るい光に包まれている。やがて真っ暗になり、行く手に大きな月が現れた。高速道路が滑走路のようだ。ギヨームは「目的地は月だ」とおどける。私はドリトル先生の月旅行を思い出したが、ギヨームは銀河帝国と戦うスカイウォーカーの気分に違いない。

ラウル・ガンの旅を追う

つり橋の中央部分が曲線を描いてせり上がるノルマンディ橋を渡った頃には夜の九時を回っていた。人工的な光が群れをなして煌めくル・アーヴルの港を過ぎると、道は再び暗くなる。夕食にありつける場所はないかと窓の外を見ていると、ギヨームがバゲットのサンドイッチを手渡してくれた。次はデザートと言って焼き菓子をくれる。車の中だとしても、ここではデザートが大切だ。休まずに車を走らせながら、ギヨームは自分の車とはギヤの構成が異なるために存在しない五段目に入れようとして「またか」と舌打ちする。見慣れない夜のカーンの運河を目にしたのは一〇時半だった。

運河の奥の方は逆T字型になっていて、係留されたヨットが照明に浮かび上がり、両岸にはホテルやレストランが並ぶ。紋切り型の都市計画そのままの配置なのだが、この装置に人々は誘惑されるだろう。私が宿泊する安宿が、暖かみのある街灯に照らされて懐かしい姿で立っている。少し前から視野に入っていたのだが、それを見ていたことに遅れて気がついた。私はここで車を降りるが、ギヨームはこれからラボに戻り、ル・アーヴルとサン゠ヴァレリ゠アン゠コーで採取した様々な試料を冷蔵庫に入れてから家に帰る。

翌朝、私はゾナベンの『ノルマンディの風習』(二〇〇三)を本屋で探してからラボに行くことにした。メモランダは城近くの緩やかな坂道の奥にあった。この界隈は爆撃を免れたために、今でも古い家並みが残る。本屋の空間はいくつかの店の壁を取り払って造られていた。一階と二階の不揃いな部屋には、夥しい数の本が天井近くまで積み上げられている。

私は入り口で二階に行くように言われ、木の階段を上って探している本のことを伝えると、別の部屋に連れて行かれ、そこから更に奥の部屋に案内された。そこにはノルマンディを主題とする異なる時代に書かれた様々な書物の形をした人々の思考が、棚にぎっしり詰め込まれていた。私は三人の年配の女性がコーヒーを飲みながらおしゃべりをしているテーブルに背を向けて、首を傾げながらタイトルを一つ一つ見て行った。

ゾナベンがラ・アーグの再処理工場について書いた『核の半島』(二〇一四〔一九八九〕)と、『ノルマンディの風習』は、パリの大きな書店にはなかった。コタンタン半島に近いカーンの書店だったらあるかもしれない。そう期待して来たのだが、ここにもない。『核の半島』を出版した後、ゾナベンはラ・アーグに戻ることができない。ソルボンヌで人類学を教えるセシルが教えてくれた。なぜ戻れないのか。人々が口にしないことを書いたからなのか。

二〇一七年一〇月初旬にフランスから戻った後、私はパリで見つけられなかった『核の半島』をネットで注文した。本はフランスから発送されたが、配達先が不明との理由で送り返されてしまい、私は再度注文して数ヶ月後にようやくこれを手に入れた。私は翌年の同じ時期にフランスに行き、『ノルマンディの風習』を見つけることができず、一〇月初旬に戻った後にネットで注文した。こちらは数日前に届いたばかりだ。冒頭を読むと次のようなことが書いてある。

『核の半島』を書いた後、ゾナベンはパリの古本屋でラウル・ガンの『人それぞれの快楽』（一九三一）という誘惑する題名の本を見つけた。舞台はラ・アーグ。物語は彼女がラ・アーグで聞いたのと同じ方言で書かれていた。そこに描かれていたのは馴染み深い社会だった。

農園の屋敷で女中が執事に犯された。執事は罪を認めない。女中は男の子を産むが、父親の名前を頑なに明かさない。歳月が流れ、大戦が終わり、執事と地主の息子は戦死し、地主の息子の妻は出産時に亡くなり、彼女が持参金代わりに持ってきた土地を手に入れようとして、彼女の妹が生まれた赤ん坊を殺すが、犯した罪に耐えきれず酒に溺れて破滅する。女中は農園の地主に、彼女の息子の父親は、地主の死んだ息子だと告白する。彼は女中の息子を後継にした。

吹き荒ぶ風を避けるようにして谷間の石壁の陰に隠れる家々と、そこの住人たちが隠している秘密と快楽の一端に触れて、ゾナベンはこの物語はもしかして実話なのではないかと感じる。

彼女は忘れ去られたラウル・ガンの足跡を追い、彼が育ったシェルブール近郊のケルクヴィルとトゥルラヴィル、税官吏として働いたル・アーヴル、税官吏を辞めた後に移り住んだパリ一三区のアパルトマン、育った家に似た屋敷を購入したコタンタン半島西海岸のサン＝レミ＝デ＝ランドを訪ねて、彼を知る人々を探し歩いた（Zonabend 2003）。ゾナベンの探求の旅を記した頁の間に、『人それぞれの快楽』が挿入され、劇中劇となった物語の中にはラ・アーグの人々の快楽と秘密が折りたたまれている。

その朝、私は二軒の大きな古本屋で『ノルマンディの風習』を見つけることができず、いつもより遅れてACROに顔を出した。昼休みにこの本を探していることを話すと、ミレイユがカーンの大きな書店に電話をしてくれたが、そこにもなかった。墓標に「呪われた詩人」と刻銘されたこの作家が残したラ・アーグの人々の欲情の物語と、それを収めたゾナベンの本もまた、ここの人々の関心を惹かないことを私は知った。それはなぜか。欲望と陰謀の秘密を隠すことで保たれていた静穏を、彼女の人類学的探求が掻き乱すからなのか。

翌日の二〇一八年九月二六日の昼過ぎ、カリンとギヨームと私は、ラ・アーグの海岸で試料採取するために、ワゴン車に乗ってラボを後にした。大きなサングラスを掛けていつになく精悍なカリンがハンドルを握っている。ギヨームは後ろの席で作業に備えて昏々と眠っている。

車は第二次世界大戦の遺構の前を通り過ぎた。ドイツ軍によるフランスの占領と、連合軍によるフランスの解放についてカリンと話した。すると、彼女の両親はドイツをそれほど悪く言わず、英国のことは良く思っていないという。事実は思っていた以上に複雑だ。コタンタン半島は、何百年間にもわたって、あるいはそれよりも長く、イングランドの侵略を受けて来た。ノルマン人がイングランドを占領した時代もあった。私が昔住んだイングランドのノーリッチは、ノルマン人が作った町だ。

私はカリンの話を聞きながら、イングランドに不信感を抱く人たちもここに住んでいることを知った。海峡の両側の漁船が漁場を巡って船を衝突させる映像をニュースで見たばかりだ。これからラ・アーグの四つの海岸で試料採取が行われる。壁に隠された事実に近づけるのか。

水着の少女たち

カリンが運転するワゴン車は、フラマンヴィルの手前で細い脇道に入った。木々に囲まれた庭では、アントワンが待っていた。以前ACROで働いていたアントワンは、村の子供向けの自然教室で、陶芸家のリディと一緒に土器の作り方と植えた草木を保護する覆いの作り方を教えている。彼は庭の小屋の扉を開けて、柳の小枝で編んで作った不揃いな覆いの試作品を見せてくれた。傍に立つ家も自分で建てたという。家の中からリディが出て来た。小さな赤ちゃんがいる。きっと温かみのある家庭に違いない。ギィの妻のマリーも陶芸家だ。土器作りは、土と火と窯（原始炉）を使う人類の最も古い技術だ。素材は生活世界の中にあり、素手で扱うことができて、窯は自分で作れる上、壊れた土器は環境の中で循環する。彼女たちの考え方、諸々の社会的な関係の作り方と関係があるだろう。

ACROはノルマンディ各地で年に二回、大潮の時期に試料採取を行っている。ラボの活動が大潮のリズムで行われている。ラ・アーグの周囲では年に四回行う。再処理工場の排水管があるムリネ海岸とその五キロ南東のクロック海岸では、毎月のように海水と砂を採取している。

一九八一年に、再処理工場による放射能汚染を監視するためにラ・アーグの情報地方委員会（CLI）が作られた。予算はコジェマ（後のアレヴァ）から出されていた。だから委員会は環境放射能の情報を再処理工場に頼るという矛盾を孕んでいた。一九八六年のチェルノブィリ原発事故を契機に結成されたACROと協力することにより、CLIは科学的な独立性を保つようになったという（Zonabend 2014: 133-135）。だがコジェマは再処理工場とラ・マンシュ放射性廃棄物保管センターの周辺住民の健康被害については口を閉ざしていた。

二一年前に遡ってみよう。一九九七年一月一〇日のリベラシオンは、その翌日に公表される英国の医学雑誌BMJの論文を参照しながら、ラ・アーグ再処理工場一〇キロ圏内における二五歳以下の白血病のリスクは、フランスの平均の三倍だと報じた（Libération 1997.1.10）。ポベルとヴィエルの論文は、ラ・アーグの事例を、再処理工場のあるイングランドのセラフィールドおよびスコットランドのドーンレイと比較して、「子供たちと母親たちが海岸で過ごすことと子供の白血病の間には関係がある」と結論づけた（Pobel & Viel 1997: 105）。白血病に罹った患者二七人の親に聞き取りをした方法論に限界があったとしても、再処理工場の近くの海で遊ぶことは安全だと言い切ることはできない。

六月二六日にNatureは、ラ・アーグの再処理工場の排水管の放出口近くにグリーンピースが設置した測定装置をコジェマが排除して、環境大臣がこれを批判したと報じた。これには前史があった。その数ヶ月前、干潮時に排水管の放出口が露出しており、その周囲の放射線量が300μSv/hだったことを市民科学者のラボCRIIRADが公表したために論争が起きていた。その後、市民による放射能測定を妨害して問題に対処しようとしたコジェマのやり方が批判されたのだった（Butler 1997: 839）。

コジェマとアレヴァとオラノは別の会社なのか。この国営企業は、スキャンダルが起きる度に名称を変える。名前を変えることによって対面する人々の判断を遅らせることはできるだろう。だがそれだけのことだ。

私は二〇一八年一一月一九日の朝日新聞朝刊三一面の小さな記事を思い出す。電力量計が焼損する事故が一六件起きたが、東電は「無用の混乱を避ける意味でも公表していない」。これは些細なことなのだろうか。無用の混乱を避けるというどこかで聞いたことのある口上が繰返される社会はどのような性向を持っているのか。混乱は無用ではない。混乱から問いが生まれ、それが良い問いであれば知識を産む。知識が産まれない状態で日常を過ごせば、我々はずっと無知のままだ。無知のままならば危機の兆候にも気がつかない。

午後2時にエクラガン海岸の駐車場に着くと、地元の新聞社ラ・マンシュの記者とカメラマンが待ち構えていた。今日はジャン＝イヴとベネディクトの二人が試料採取のために来ている。ジャン＝イヴは陽に焼けた引き締まった体つきの年金生活者。ベネディクトは珍しく若い女性で小学校の先生をしている。

ギヨームは女性の記者にインタビューを受けている。彼は海藻と貝から検出された再処理工場由来のヨウ素129、ルテニウム106、コバルト60、セシウム137、アメリシウム241などについて説明している。ここは再処理工場に近いため、検出されるヨウ素129のレヴェルは他の地点よりも高い。ギヨームは、安全と危険を分ける基準値を定めるのではなく、人工放射性核種の監視を続けることが重要だと話している。オラノはいつでもリスクは無いと言うから、検出された放射性核種の数値を比較可能な形にして公表する。

二〇一三年から二〇一七年の間に採取された海藻から検出されたヨウ素129の最も高い値は、ここエクラガンの67 Bq/kgと、カリンとアントワンが行っているディエレットの69 Bq/kgだ。両地点のカサガイからは、他の地点よりも高い値のヨウ素129が検出されている。再処理工場の近くでは、海水、砂、カサガイ、海藻から検出されるヨウ素129の数値が飛び抜けて高い（ACRO 2018: 10-11）。

海岸の駐車場に小型バスが止まり、アメリカ人の観光客たちが十人ほど降りて来た。彼／女らはガイドの説明を聞いて、これからコタンタン半島先端の遊歩道をハイキングするらしい。リュックを担ぎ、登山靴を履いて、中にはウォーキングポールを手に持つ人もいる。この遊歩道から丘の上の再処理工場は見えない。ハイキングを楽しむアメリカ人たちは、すぐそばに放射性廃棄物の埋設施設と再処理工場があり、海の中には排水管があることを知っているのだろうか。

大潮のために海が遠くまで後退した砂浜を秋の太陽が照らし出している。雲ひとつない空は真っ青で、海は更に青い。正面に英領オルダニーの青い島影が見える。海岸は無風で、波は穏やかだ。

ふくよかな姿の年配の女性たちが、海から出てきて、こちらへ向かって歩いて来る。長靴を履いてバケツを持った私たちは、暫く歩いてから唇を真っ青にした水着姿の彼女たちとすれ違った。ジャン=イヴとギヨームは、お揃いの青色のウィンドブレーカーを着ている。カメラマンは太陽を背にして青色の二人に狙いを定めている。

私はベネディクトになぜ試料採取に来ているのか聞いた。彼女は地元の小学校で教えながら、この地域の放射能汚染に関心を持つようになった。学校では避難訓練はやるが、放射能の危険性については教えていない。水着の少女たちが砂浜を横切って岬の方へ歩み去った。その姿は豆粒のように小さくなる。海水パンツの老人が海岸でデッキチェアに座って日光浴をしている。この海で遊ぶ人たちは、再処理工場が排出する放射能の影響を気にしないのか。若い男性の姿が見当たらない。彼らはどこにいるのだろう。

私たちは岩場まで歩き、カサガイの採取を始めた。ここのカサガイはふさふさした赤茶色の海藻で覆われているので、初めはそれとは気づかなかった。ギヨームが海藻の束を指差すので、手に取って見て漸く理解した。新聞記者とカメラマンが広く長い砂浜を帰って行く。私たちは波が打ち寄せる岩の上の移動しながら、カサガイを岩から剥がし、海藻をカサガイから剥がしていった。

第7章　ホロビオントの海

微生物叢で繋がる人間

エクラガン海岸でカサガイの採取を終えた私たちは、海藻を採取するために二・五キロ北のラ・ロッシュに移動した。村で車を止めてから遊歩道を少し南に戻ると、先ほどは一纏まりの集団だったアメリカ人のハイカーたちが、一人また一人と通り過ぎて行った。ウォーキングポールの男性は、ノルディックウォーキングに疲れたのか、ポールを両手に抱え、背中を丸めて歩いている。今日は天気が良いので、地元の人たちも散歩している。友だち同士でおしゃべりしながら歩いているのは女性たちで、男性がいるとすれば女性と一緒だ。

私たちは遊歩道と放牧地を隔てる電気柵の下を注意深く潜り抜け、牛が放牧された草むらを横切って海岸に降り立った。ラ・ロッシュ（岩）という名前がついたこの海岸には、大小の岩がゴロゴロ転がっている。手前の方には、打ち上げられた海藻が半乾きになって堆積している。人々はこの海藻を集めて畑に運ぶ。

岩の上を歩いて更に行くと、ヒバマタ属の海藻が密生している。岩にはカサガイがびっしり付いている。浅い潮溜まりでは、緑色と褐色と赤色の海藻が、色鮮やかな姿で太陽の光を受け止めている。それは見た目に美しいだけではない。それは光を記号として解釈する主体を含んでいる。その向こう側の浅い海の中では、オリーブ色をしたメドゥーサの髪のような海藻が渦巻いて揺れている。小さな魚の群れがここを住処にしている。小さなカニもいる。ここでは共生的な発生の過程が進行中だ。それは異種の細胞がコミュニケーションする過程でもある。

海の中の岩の上には灯台が立っている。アレヴァの二〇一六年の報告書によれば、再処理工場の長い排水管は、陸と並行してこの近くまで延びている（AREVA 2016: 50）。浅瀬ではバクテリアや原生生物など多様な微生物が、様々な海藻や水生生物を構成して共生するエコシステムを作っているが、そこに人工放射性核種が排出されている。この微生物群からなる種を横断する共生体ホロビオントに何が起きているのか。

複雑な話を単純化すると、微生物の共生の生態学は、人間を一つの独立した有機体と考えるのではなく、多様なバクテリアや細胞からなる微生物の共生体であると捉える（van de Guchte *et al* 2018）。

人間をホロビオントとして捉えると、発癌性が増加するとされる年間の放射線被曝のしきい値である100 mSvの根拠が揺らぐ。放射性物質を記号として解釈するバクテリアに異変が起こると、ホロビオントとしての人間に変調が起こるからだ。被曝をした人々が訴えるだるさや無気力感は、人間の身体に癌が発生する以前の、共生するバクテリア群の病気に由来すると考えることができる（Swanson *et al* 2017）。

食生活の変化や被曝等により、ホロビオントとしての人間の微生物叢が変化して、前疾患的な状態が生じる。そのような変化は典型的に人間の腸内環境で起きている。また膣の中の微生物叢は、母親から子供に受け継がれる。こうした共生的発生論の立場から考えると、バクテリアと細胞の異種横断的な共生関係が、人間の進化のプロセスの根底にあり、ここから異なる世界理解が開けはじめる（Haraway 2017）。

人間の個体の次元で突然変異が起こり、外的な環境の中で自然選択が起きていると考えるのではなく、ホロビオントの微生物叢の次元で、またホロビオントとホロビオントが共生するエコシステムの中で異変が起きているとしたら、エコシステムの中の記号過程を考慮しない排出基準や被曝のしきい値は、役に立たない。バクテリアと微生物の分子レヴェルのフィードバックが問題なのだ。環境放射能の共発生的な影響について考えねばならない。再処理工場が、海水中にではなく、エコシステムの中に放射性物質を大量に排出していることが問題にされねばならない。異種の微生物のホロビオントである人間は、このエコシステムの部分なのだから。

電気柵の下を潜り抜けて遊歩道に戻ると、前を歩いていた若いカップルが立ち止まり、道端で野生の木苺を摘んで口に入れた。私は三〇年前に南ウェールズの海辺を散歩をしながら、こんな風に木苺を摘んで食べたことを思い出した。だが、今それを食べようとは思わない。

福島第一原子力発電所の事故の後、私はチェルノブィリの原発事故について書かれた文献を読み、ウクライナやベラルーシやロシアの放射能に汚染された地域に住む人々が、野生のキノコやベリー類を食べて内部被曝したことを知った。彼／女はなぜ放射能で汚染されたキノコやベリーを採取して食べたのか。それは必ずしも彼／女らが無知だったからではない。それは貧困に還元することもできない。

一九八六年から一九九四年にかけて、チェルノブィリから二〇〇キロ離れたブリャンスクにおいて調査を行なったシュートフらによれば、人々は野生のキノコとベリーが基準値を超えた。放射性物質を含むことを知っていた。だが、彼／女らはキノコとベリーを採集して食べていた。そこには心理的な理由と社会経済的な理由があるという。彼／女らは「放射線嫌い」に疲れ果てていたと言うのだ。キノコとベリーは自然に生えていたし、（危険を犯すだけの）価値を持った貴重で美味しい食べ物だった（Shutov *et al* 1996）。

二〇一六年一月半ば、私は分け漁で試験操業の対象外だったホッキ貝を小名浜の知り合いから貰ったことがある。私は社会関係的な繋がりを優先して、この贈与交換の連鎖に連なることを選んだのだが、家に持ち帰ることができなかったので、久之浜の知り合いと分け合って食べた。このような心理的、社会関係的な説明は可能だ。

この時、腸内環境の微生物叢というもう一つの主体の次元では何が起きていたのか。それは細胞レヴェルの主体間の相互行為の次元で起きた生物記号論的な過程であり、そのようなホロビオント内とホロビオント間のやり取りは、意識の主体であっても、免疫の主体ではない私には知る由もない。共生的な微生物群の次元において、記号論的にコミュニケーションするホロビオントである人間は、多様なバクテリアと細胞の共生体だ。一個の有機体としての私が認識する以前に、ホロビオントの次元においては、前疾患的な変調が起きているかもしれない。

私たちは、再処理工場の周囲四ヶ所で採取されたカサガイと海藻をワゴン車に積み込んでカーンに戻った。この日、ギィは試料採取には来なかった。私は翌日、ギィとラ・アーグの海で釣りをする約束をしている。

ラ・アーグの海で魚を獲る

二〇一八年九月二七日の朝、私はカーンの駅からシェルブール行きの列車に乗り込んだ。車両はほぼ空だ。と思ったらアメリカ人の集団が乗り込んできて、座席を超えて楽しげな声が飛び交っている。「(…)今晩六時半に予約をしたいのですが。そのとおり。四人掛けのテーブル。そのとおり。あなたは大きなテーブルが一つ、それとも二人掛けのテーブルが二つ、どちらがいいと思う？　ああそれはすてき。とてもありがとう。じゃあ今晩六時半に会いましょう」。よく響く女性の声がレストランの予約をしている。

フランス人ならばもっと小声で話して、時間は一八時半と言い、最後に「それは結構」とか「さようなら」とか言うだろう。異質な空気にとり囲まれて、私はどこかに迷い込んだような感じがする。アメリカのヘゲモニーと縺れ合いながら、自分の社会世界で話しているのと同じ言葉をどこでも使う。それにしても、なぜアメリカ人がこんなに多いのだろう。

目の前に年配のアメリカ人の夫婦が座っている。私は思い切って話しかけた。「ちょっと聞いていいですか。ここはアメリカ人にとって特別な場所なのですか。昨日もコタンタン半島で大勢のアメリカ人を見かけたので、特別な何かがあるのかなと思って」。「そのとおり。これはアメリカ人にとっては特別だよ。私たちはライダーカップを見に来たんだ」。「ノルマンディ上陸と関係があるのでは」。「いや。あれは六月六日だ」。彼はそう言って両者の関係を否定するが、私は聞いて良かったと感じている。

ライダーカップは翌日からパリの郊外で開催される。彼は二年に一度、アメリカとヨーロッパで交互に開催されるこのゴルフの団体戦を楽しみにしているという。ノルマンディ地域圏は「ノルマンディはライダーカップへの入り口《ゲートウェイ》」という宣伝をしている。ノルマンディに上陸してライダーカップへ向かうルートを売り込んでいるのだ。歴史的に作られたアメリカの嗜好が、観光商品の中に巧みに仕組まれている。これは良くできた狩猟網あるいは罠だ（Gell 1996）。

何をしているのかと聞かれたので、私は日本から来た人類学者で、日常生活と放射能の関係について調べていると説明した。すると彼は、自分は元海兵隊員で横須賀にいたことがあると言う。彼と私が、米軍基地という具体と日本という抽象を経由して関連づけられる。個別の出会いは人間的だとしても、基地と隣接する生活世界の関係は親密ではない。

米軍基地、核兵器、劣化ウラン弾、再処理工場、原子炉、放射能汚染、核廃棄物、生活世界の再考……このように連想することは容易ではなく、私たちは横須賀の米軍基地から日本に繋がる短い回路を使い、天気の話題ほどの深さでコミュニケーションしている。

列車がバイユーに停車した。アメリカ人の集団は、飛び交う会話の雰囲気と一緒に下車していった。バイユーに近いオマハビーチを見下ろす丘の上に、戦死したアメリカ兵を追悼する広大な墓地がある。それは別のシステムに入るゲートウェイのようだ。空っぽになった車両の中では、走行音だけが響いている。列車はわずかな乗客を乗せて湿地帯を走る。

そう言えば、ギヨームはこのローカル線でコタンタン半島を行くのが好きだと話していた。異なる道の物語がある。雨が降ると湿地帯は水面下に沈み、「千と千尋の神隠し」(二〇〇一)の中で、千尋が顔なしと乗ったあの海原を走る「行きっぱなし」列車のようになるという。今年は夏に雨が少なかったために、湿地帯は牧草地のままだ。私は立ち上がって窓の外を見ている。女性の車掌が腰掛けて休んでいる。

午後、私はギィと次男のアントワンとモーターボートを牽引した車に乗り、ディエレットの港に向かった。そこは昨日、カリンともう一人のアントワンが、試料採取をした場所だ。過去数年間で検出されたヨウ素129の数値が最も高いカサガイはここで採取された。ディエレットの港には、青少年のヨットスクールがあり、防波堤の向こう側では、ディンギーが帆に風を孕ませて並んでいる。豊かな生活が演じられている。港の長いスロープには、ボートを下ろそうとしている若者や、ボートを引き上げようとしている若者がいる。ウェットスーツに着替えたアントワンが、同じ格好の若者たちと話している。昨日エクラガンの海岸で海水浴をしていたのは全て女だったが、今ディエレットの港で船を海に下ろしたり引き上げたりしているのは全て男だ。

ギィが操舵する船は、少年たちのディンギーの群れを通り過ぎ、岩礁を迂回して、沿岸の穏やかな海を進む。アントワンがこの辺で止めてくれという。彼はゴーグルとシュノーケルをつけて、オレンジ色のフロートに結びつけられた網を海に放り込み、魚突き用の銛を手に持って海に入り「三〇分くらいしたら来てくれ」と言う。ギィは船を少し走らせてからエンジンを止めた。

ボートはゆらゆらと揺れながら南の方に流される。ラ・アーグから一五キロ離れたオルダニー島が大きく見える。陸を振り返ると、半島の北側の台地の上にラ・アーグ再処理工場の施設群が見える。南側に見えていたフラマンヴィル原子力発電所は正面に移動している。ギィは釣り糸を垂れていたがすぐに飽きて、私たちはとりとめもなく話し始めた。ギィは時折アントワンを船に引き上げ、次に魚突きをする所で下ろして、私たちはまた話を続けた。

こんな風にして海で過ごすと、どこに岩礁があり、潮の流れがどこでどんな感じになるのか、どんな魚がいるのか、そんな環境の知覚を、船の動きと一緒に身体化することが理解できる。ギィが一年前にラ・アーグの再処理工場から放射性物質がどう流れているのか、地図を指差しながら教えてくれたが、私はその指の動きが、このような身体知から来ていることを知った。

私がゾナベンの論文で読んだ税官吏のことを話すと、ギィは、昔は酒やタバコなどの密輸が行われ、税官吏の裏をかく話がたくさんあると言う。ギィにメールで送ったゾナベンの論文に出てくる牛の角にランプを下げて船を難破させるあのトリックは、彼が話す税官吏の物語の演目に入っている。バクテリアと原生生物の細胞内共生の関係と同様に、自己と他者が相互に飲み込み合う闘争と共生を見出す休戦があり、共生的進化の過程が進む（Marguls 1998）。

イルカの群れが二手に分かれ、再処理工場の方に北上している。「あれは二つの家族だ」とギィが言う。漁を終えた漁船が波を立てて北の方に帰る。私たちは様々な人工放射性核種が検出されるこの海で、とてものどかな午後を過ごした。アントワンは五時間かけてカレイとヒメジとヘダイを仕留めた。これが今晩の夕食だ。だが、私にはギィたちがこの海で遊ぶ感覚が分からない。これについて聞いてもギィは答えない。私は放射能で汚染された環境と交叉した生活世界を追いかけている。なぜそうするのかと聞かれると、うまく答えられない。

なぜ汚染した海の魚を食べるのか

船底を海面にバウンドさせながら、船はディエレットの港に向う。アントワンは船縁で三匹の魚の腹を切り開き、手で内臓を取り出している。船がスピードを緩める。アントワンは海の上に身を乗り出して魚を洗う。私はヘダイが小さく鳴く声を聞いたような気がした。

ディエレットの港を取囲む背の高い防波堤の内側の壁には、丸い大きな穴が連なり、中は空洞になっている。何を意図したのだろう。港の中から海は見えない。奥にはヨットの係留場がある。アオサで滑る階段を登って港の駐車場に出ると、海の哺乳動物を保護する団体のワゴン車が停まっていた。駐車場の隣にはヨットスクールがある。

再処理工場と放射性廃棄物埋設施設と原子力発電所の間に広がる海では、少年たちがヨットの操作を学び、イルカの保護活動が行われている。厳重に警備されて閉じられた核の施設と、解放的な自然を愛好する活動が、システムとしては平衡を欠いたまま、人間の制度の中では共存している。ここの人たちは、このダブルバインド状況に、違和感を感じないのか。原子力産業が、本来ならば対立する自然保護の活動に資金を出して調和を演出し、口封じをしているのか。東京電力が、原発のある自治体の町内の盆踊りや遠足などに細かく援助をしていたのと同じように。

家に戻ると、マリーが魚は獲れたのと聞く。アントワンが得意げに大きなカレイとヘダイとヒメジを見せると、マリーは大きく目を見開いてから笑った。暖炉の前に座って土産の日本酒をアペリティフとして飲み始めた時、近所に住むパトリックがキノコを手にして戸口に現れた。これを摘んだのだが食べられると思うか、とアントワンに話している。これは何か、と私にも聞くので、椎茸のようだが良く分からない、と答えた。パトリックはどうでも良いことに思える会話を続けていたが、アントワンがキノコを暖炉の火の中に投げ入れて、それきりになった。

パトリックは誰も食べないキノコをわざわざ摘んできて、袋小路の会話をしていた。彼は何か言葉にできない問題を抱えていて、周辺的な話題、しかし本質的な何かを示唆する特別な隠喩、忌避されたキノコを使ってその何かを示そうとしていたのかもしれない。私がアレヴァの再処理工場に関心があってここに来ているのだと説明すると、ギィが意味ありげに笑って言った。「パトリックはアレヴァで働いているんだ」。パトリックも日本酒に手を伸ばす。

彼は日本やドイツなど海外の使用済み核燃料を再処理してきたソープが二〇一八年末に、英国のマグノックス炉の使用済み燃料を再処理してきたB205が二〇二〇年に稼働を止める英国のセラフィールドで働いていて、今は休暇で帰って来ているという。六ヶ所村の再処理工場のことも良く知っている。福島第一原発の汚染水問題についても詳しい。

パトリックは再処理工場が抱える多くの問題を認めた上で、原子力発電所が稼働している限り、使用済み核燃料を再処理することが最善の方法だと主張する。彼は翌日の新聞に出るという財政スキャンダルについて話している。彼はどうしてアレヴァの問題ばかり話すのか。だが大事なところでは、再処理工場の存続を擁護している。ところが、彼はアレヴァが契約を勝ち取ったセラフィールドの二つの再処理工場を閉じる仕事をしているではないか。

夕食はアントワンが腕を振るった白ワイン蒸しのカレイとヘダイだ。私は遠方から来た客なので、特別に大きな切り身を振舞われ、お代わりまで頂いた。アレヴァのことを一生懸命に話すパトリックにしても、カレイとヘダイの特別に大きな分け前にしても、矛盾を孕みながら表面的には自然化しているこの縺れが不可解だ。

二〇一八年大晦日の朝六時。防災無線から流れるヴェルナーの「野ばら」を微睡《まどろみ》の中で聴いた。ギィからメールがきている。カーテンを開けると、巡視船が昨日と同じ位置に停泊して、第一原発と第二原発の付近の海を警戒している。二〇キロ沖合の三基の洋上発電の風車が、朝日を浴びてくっきりと見える。左側の中型（５ＭＷ）と真ん中の小型（２ＭＷ）の風車は回っているが、右側の大型の風車（７ＭＷ）は止まっている。維持費がかかるので、この世界最大級の風車は撤去するという。原子力開発と比べた時、中止の決断が早い。

私は一二月二四日から富岡に来ている。避難指示が部分的に解除されたこの町に滞在しながら、私は「なぜ帰還したのか」、「なぜ帰還せずに時折戻ってくるのか」という込み入った事情を理解する必要のある問いの答えを追い求めていた。富岡駅の周辺では一二月二九日以来、ダンプカーもショベルカーも動いていない。今しがた踏切の遮断機が降りて、いわきから電車が到着した。ここが終点だ。ショルダーバッグの男が一人、海側の造成地に続く道を足早に歩き、工事現場の写真を撮り、いわき行きの電車で直ぐに帰って行った。ここには人影がない。

「返答」という題のそのメールは何時になく長く、ある本の一四三頁から一六六頁までの写真が二つのメールに分けて添付されていた。私は二〇一八年一一月下旬に、一九九七年一月一〇日のリベラシオンの記事と、その翌日のＢＭＪ誌上に発表されたポベルとヴィエルの論文を引用しながら、君はラ・アーグの海の放射能汚染を気にしないのか、君の海への愛着と、放射能汚染の事実への関心は、関連のない別々の問題なのか、と問うていたのだ。

もちろん、これは矛盾だ。僕はこれら二つの再処理工場（ＵＰ２－８００とＵＰ３）が海に放射能を排出していることを知っているし、僕はこの海で獲れた魚と貝を食べている。だが、ＡＣＲＯの試料採取に参加して、その分析結果も知っている。僕がそこから生まれ、僕がそこで生きるこの「母《メール》あるいは海《メール》」は、僕を産み、僕に食べ物を与えてくれる。魚と貝は、その部分なんだ。これはちょっとはらわたに関わることなんだ。だけど僕は海藻を自分の畑で肥料として使おうとは決して思わない。ＡＣＲＯの活動を通して、ある種の放射性物質の要素が蓄積することを知っているからだ。この愛着と、それに社会関係と友人たちが、雲というか靄のたぐいを作り出して、この産業の危険性に対する僕の知覚を曇らせているのだと思う。ヴィエル医師はあの研究の後、この地域に足を踏み入れたことがない。彼は圧力を受け、彼らはその研究のある部分の信頼性を傷つけることに成功した（…）。

ギィは汚染された母なる海との関係を失いたくない。失われゆく社会的な紐帯と変貌する母／海《メール》への愛が、彼の知覚を曇らせ、はらわたの感覚が、毒を含む魚と貝を喰らわせる。どこか似たことをこの町でも見た。

幕間　時間と真実

二〇一八年九月末の土曜日の昼過ぎ、私はルーアンでパリ行きの列車に乗り換えた。翌週の水曜日の朝に日本に戻り、その日の夕方には大学で講義をする。

金と鼈甲のメガネをかけた白髪の男が、私の後ろの四人掛けの席を一人で占領している。私は進行方向に背を向けて座っていたので、男の様子がよく見えた。彼はオレンジと緑の鳥のモチーフが大胆に配置された黒いスカーフを首に巻き、青のジャケットを着て、向かいの席にスーツケースを置いた。スマートフォンで話す言葉は、発音も抑揚も語彙も、蓄積された文化資本の卓越を刻印している。列車は混み、通路には人が立っている。一等車でやればいいのに……と私が思い始めた頃、ヘッドホンをつけた一人の若者が挨拶をせずに男の隣に座った。

それぞれがオレンジと青の上下の布地と同じ色と柄のターバンを巻いた二人の女がつ

かつかと歩み寄り、若い方がスーツケースを指差した。男は困ったように「重すぎるんだ」と言って本に目を落とした。女は西アフリカ訛りで「重すぎる？」と言ってスーツケースを掴むと、重さを確かめるように空中で停止させた後、荷物棚に放り上げた。二人が空いた席に腰掛けると、男は笑顔を作り「ありがとう《メルシー》。素晴らしい《トレビアン》。ありがとう《メルシー》」と言ったが、二人はそれを無視した。階層の空間は後退して、ぎこちない多様性が出現している。これは予想できなかった。時間と真実。石は長い間、変化しない。生物と心は変化する（Bateson 2002: 101）。

もしも男が占領した四人掛けの座席を、権力が守っていたならば、そしてこの男だけがスーツケースの重さを証明できたとしたら、破局がブラックボックスを開くまで、事実は隠されていただろう。「良識」を共有しない女が、重いはずのスーツケースを荷物棚に放り上げた時、乗客たちの目の前で男の説明が嘘になった。それは男から感謝と称賛の言葉さえも引き出した。男は嘘を取り繕おうとしたのか。それとも呪縛から解放されて礼を言ったのか。

私は地理学者のマリーから貰ったアントロポセンと風土の論集（Augendre *et al* 2018）を読みながら、頁の余白に書き込みをしていたが、青いインクがマリーの住所にバツをつけて私の名前を走り書きした「地球の友」の茶封筒の裏側に、その顛末を書きつけた。

持続する時間の中で、作品と作品はどう繋がっているのか。アルフレッド・ジェルは、フッサールの「把持」と「予持」の概念を使ってこれを考えようとした。知覚している現在の出来事は、幅を持った時間の領野の中で近い過去となって把持され、時間が更に経過すると、それは過去の過去となり、時間の中に沈んでゆく。未来の方を向くと、近い未来に起こると予測されていた予持は、この今において現実として知覚され、未来の未来は、より今に近い未来となって予持されている。ジェルは時間の中で生み出されたデュシャンの全作品間の相互的な繋がりをこの二つの概念を使って考えた。私はこの遺作を翻訳している。

このように把持は、過ぎ去った知覚に対してより新しい知覚が投射されて重要な傾向や変化が測定される背景であると説明することができる。知覚がより深刻に過ぎ去ったものとなるにつれて、それらは突出を減衰させて視界から消え去る。こうして我々は、現在をナイフのように鋭利な「今」としてではなく、時間的に拡張した一つの領野として理解する。その領野の内部では、最近の過去、その次により最近の過去、そしてその次に、という風に、知覚が連続して更新される中に見出されるパターンから、諸傾向が浮かび上がるのである。この傾向は予持の形態、すなわち、過去と対称的なやり方で、しかし時間的には逆向きに、最近の未来、その次に最近の未来、そしてその次に、という風に必然的に起こるであろう現在の知覚が更新されるパターンの予測として、未来に向かって投射される（Gell 1998: 239-240）。

このモデルには欠陥がある。フッサールの説明は空間的だ（Husserl 1964 [1928]: 45）また、把持は今においてすでに起きた出来事であり、それは時間の中に徐々に沈下して迫真性を失うとしても、予持はそれとは対称的なやり方で、今において必然的に徐々に現実性を帯びるのか。それは想定だ。予持されていない出来事が不意に創発する。

クリスチャン・ディミトリウによれば、把持と予持の関係は非対称的だ。恋人が「アイ・ラヴ」と言うのを聞いて、私は既に過去となった経験の把持から「ユー」が続くことを予持している。ところが彼女は別の男の名前を言った。私は予期していた私の不在に失望する。驚きは失望とは異なる。私は予期していなかった場所で、予期していなかった誰かと出会い、驚く（Dimitriu 2013）。旅は、驚きに満ちている。

私が列車の中で遭遇した出来事の逸話は、真実と政治の寓話でもある。ハンナ・アレントは『エルサレムのアイヒマン』の出版後、本の内容を歪曲した非難を受けた。アレントは反論を試みたが、その反論もまた歪曲された。だからアレントは「真実と政治」

の中で、このような非難の根底に横たわる真実と政治の居心地の悪い関係を示そうとした。政治は事実についての真実を恐れる。事実が強迫的で強制的な性質を持つからだ。政治は多数の意見によって自らを正当化するが、事実はそれによって覆される性質のものではない。多数の意見によって事実を否定することはできないのだ。だから、政治の観点から見れば、不都合な事実についての真実は、隠蔽する必要がある（Arendt 2006 [1958]）。

二〇一一年の春から秋にかけて、私は北上川が東に曲がる河北中学校付近から大川小学校までの一二キロ程の道のりを何度も往復した。私は堤防の上に車を止めて、葦原を超えて津波が河岸を飲み込み、海となった光景を想像した。追波湾《おっぱわん》を襲った津波は旧追波川《おっぱがわ》を遡り、河北中学付近で北に遡上して、河口から一七キロの北上大堰を乗り越えた。予持された自然を所与の条件として治水と新田開発のために開削した新北上川を伝い、海が侵入した。小学生たちは、治水工事のおかげで洪水がなくなった物語を学び、土木工事を讃える作文を書いた。旧い川の名前は、津波を記憶していた。

晩秋のある夜、私は学生たちと一部が流出した新北上大橋の上で、暗い河口の方を見て音を聞いた。自然を従わせた物語ではなく、より大きな蠢きに向かって自分たちを開こうとして。橋の上では誰も言葉を発しなかった。前の年に泊った旧北上川の河口近くの旅館は、津波で人が亡くなり廃業していたので、毎晩二時間かけて松島まで帰った。ある晩、廃墟となった無人の野蒜《のびる》を通り抜けようとして、私はどこを走っているのか分からなくなった。把持と予持は非対称だった。

第8章　解体された家

帰還

意味不明の情景の流れに脈絡のない音が侵入してきた。記憶の奥底で旋律のイマージュを検索していたのか。流れては消えていた音が不意に繋がり、聞き覚えのあるメロディが聞こえてきた。野ばら。富岡だ。朝六時に防災無線から流れる電子オルゴールの張りのないうら悲しい調べを聴きながら、私は起き上がった。聞き覚えのある旋律を記憶の中から想起していたのか。世界の中でその旋律を新たに知覚していたのか。知覚しながら鼻歌を歌うようにして自分の中で再演していたのか。

暗い部屋のカーテンを開けると、海の上の空は白く霞んでいる。古い駅よりも数百メートル北に移動した新しい駅の向こう側の工事現場の先に拡がる灰色の海には、いつもと同じ場所に船が停泊している。（後日、正憲《まさのり》があれは巡視船だと教えてくれた。）沖の右の方には、三つの風車が微かに見える。もうすぐ最初の電車がいわきから来る。だがこの時間帯に不通区間の代行バスは来ない。海岸の方から白いマスクをした老人が踏切に向かって歩いて来る。左右非対称に両手を大きく振りながら小さな歩幅で歩いている。楢葉では比較的若い女性が散歩していたが、山を一つ超えると別世界だ。

ベルクソンの「記憶」の思索と共に考えてみると、以前ここに住んでいた人たちは、幾重にも堆積して身体化した場所の記憶を持ち、それは何かをきっかけに記憶の中から想起され、対象として知覚され、場所の生きた再認となり、更新される。これは入れ替わりながら複合的に起こる（Bergson 1939）。それに比べたら、今朝の私の想起は、何度かここに来たことがあるとは言え、極めて薄く、長続きしない。続くとしたら、場所とは交流のない妄想だ。私が知らない場所の記憶。

例えば、駅の向こうの南側で稼働を始めた三菱重工の放射性廃棄物焼却炉の更に向こう側には、侵食が進む海岸がある。昔、仏浜はもっと海に張り出していて、海は遠浅で、海を向いて一列に並んだ仏浜の集落があり、そこには浜の生活があった。母親が仏浜出身の仲山時計店の弘子に教えてもらわなかったら、そこに陸地があり、集落があり、生活があったことは想像できない。その場所は今では消滅し、後からやって来た私は、仏浜を想起することは勿論のこと、その場所を知覚することも、再認することも、再演することもできない。海岸に立った時、思い出すことが違う。今ここにおける、知覚と想起と再認と再演が違う。

場所を失うとは、どんな経験なのか。新聞や本で読むことができる「帰還」の問題（もちろん私はこれに関心を持っている）とは質の異なる、場所の知覚、場所の記憶、という問題を抱えて、私は二〇一八年一二月二四日から大晦日まで富岡に滞在した。

富岡に住み、原発事故で富岡を離れ、再び富岡に帰って来た正憲の話を時間をかけて聞こうと思い、私はここに来ていた。これまでは、いわき市の泉、小名浜、湯本、平のホテルや旅館から訪れるだけだったので、一二月上旬にここに一泊して歩いて道を知った後、今度は丸一週間過ごしながら、この場所の日常を知ろうとしていた。

ベイトソンはコージブスキーの「地図は領土《テリトリー》／縄張りではない」を、結果は原因ではないことの隠喩として使う（Bateson 2002: 102）。地図は場所を起源として作られた結果であり、領土／縄張りの原因とはならない。地図を通して場所を知ることはできない。人は場所に住まうことを通して、その世界の前言語的な方向感覚を身につけて、場所を知る（Casey 2000: 151）。

私は「国土強靱化《ナショナル・レジリエンス》」と呼ばれる人間社会と自然を切り離す土木工事が進むこの地域に、別の種類の問題も抱えて来ていた。発展の末に、地球という自らの生存条件を変えてしまった人間にとって、蘭と蜂の生殖の関係のような、あるいは珊瑚のような共生の関係はどうしたら可能なのか。地球を人間のための資源としてではなく、生きたガイアとして再認識したら、我々はどんな道を選ぶのだろう。

ミシェル・セールが示したように、我々は自然の取り分を巡って争うが、自分たちの存在の前提である自然を顧みない寄生虫だ（Serres 1990）。地球の寄生虫は、核兵器と原子力施設の大惨事を忘れ、核兵器開発と原子力開発に熱中している。資源を取り出せるだけ取り出して、増え続けるごみで汚すうちに、地球は平衡を回復しなくなった。文明の発展も市場も地球の命を考慮しない。そしてジェームズ・ラヴロックが示したように、ガイアは人間のためにあるのではない（Lovelock 1995）。

私はマリーに、アントロポセンとレジリエンスについて書かないかと言われていたが、日本ではコンクリートの巨大土木工事がレジリエンスと呼ばれ、この言葉が生命のしなやかさを失っていたので気が進まなかった。

二〇一六年八月下旬、私は楢葉町から避難していた等《ひとし》が運転する車に乗って、富岡町の王塚にある正憲の家を見に行った。二人は浪江高校の同級生だ。住居制限区域にあったその家は、福島第一から七キロの所にあった。瓦屋根には青いビニールシートが掛けられ、白い土嚢が載っていた。道路の反対側に広がる原発事故の前は田んぼだった空き地の向こうの針葉樹林に沿ってフェンスが見えた。その先は立ち入り禁止だが、イノシシ、アライグマ、キツネが被曝しながら出入りする。

住居制限は二〇一七年四月に解除されるが、正憲は家を解体することにした。近所の人たちも帰って来ない。縁側には、正憲が「ひめ」と呼ぶ、事故当時は双葉高校の一年生だった娘のソフトボールのユニフォームと帽子が掛けてあるのがガラス越しに見えた。

家の除染は終わり、庭の放射能の空間線量は0.8μSv/hだ。庭の柚子の木の根元は4μSv/hと高いが、想い出があるから切らない。家の裏手の草が生い茂る畑だった場所の線量も高く、2から3μSv/hはある。近くの王塚集会所にあるモニタリングポストは、何度も除染を繰り返し、何度も周囲の草を刈っているから、表示される空間線量は周囲よりも低く、安全の目安にはならない。その日は雨が降り、モニタリングポストは前日よりも低い0.705μSv/hを示していた。正憲は、除染のやり方がいい加減だと何度も言った。

正憲は避難所を転々とするうちに、「よめ」とは離婚した。親友の等でさえ「あいつ、いつの間に離婚してびっくりしたあ」と言う。「よめ」がいわき市の復興公営住宅に入居することになり、電化製品を買うので付き合ってくれと連絡してきたと正憲は言った。「俺のこと今でも好きなんだっぺか」と彼は自問した。「よめ」も「ひめ」も家に戻ることはなかった。

人々が通った浪江高校、双葉高校、双葉翔陽高校、富岡高校は、閉鎖されて、過去のものになってゆく。

家がモニュメントになる

福島の原発事故は、ガイアの地殻変動に起因するものではなく、原子力政策と原子力産業と東京電力と福島第一原子力発電所の関係が、予想されていた状況を想定しないで引き起こしたものだったから、秘密に包まれたこの問題のパターンを理解するためには、異なる想像力が必要だった。私はチェルノブィリの原発事故について書かれた文献を読んでも何か腑に落ちないものを感じ、福島第一原発事故の記事をクリッピングしながら、原子力開発と原子力事故について考えていた。私は三陸の調査を切り上げて、二〇一三年九月下旬に、小名浜のソープランド街近くの作業員でいっぱいの旅館に宿泊しながら、浜通りの調査を始めた。

その頃、常磐線は久ノ浜が終点だったが、近々広野まで開通することになっていた。久之浜漁港を二度目に訪れた時、私は楢葉町からいわき市中央台の仮設住宅に夫婦で避難していた等と知り合った。

今ではイオンモールが威圧する臨海鉄道沿いの道路を西に向かい、釣具屋を過ぎて、割烹着のおばさんが切り盛りする定食屋「まるふみ」の角を北に曲がって路地を通り抜け、シャッター街ではなかった本町通りに出て、新常磐交通バスに乗り、泉駅で降りて、常磐線下り各駅停車に乗り、終点いわき駅の改札口を出て、久ノ浜までの切符を買い、三番線から出ていた本数の少ない久ノ浜行きに乗り、その古びた小さな駅で下りた。

国道六号線のバイパスはまだ工事中だったから、久之浜を貫く国道はいつも混雑していた。駅前の信号を渡ると、右手には常にセール中のフタバヤ洋品店があり、建物の土台だけが残る町の中心部を通り過ぎて、架け替えられる前の蔭磯橋を渡り、岬の切り通しを回って漁港に着いた。港からは広野の火力発電所が見えた。(夜には福島第二原発の灯も見えた。)港には誰もいなかった。私は次の行動を決めあぐねて、岸壁に立っていた。

灰色の車が港に入って来るのが見えた。車は私に近づいて止まった。サングラスの男が顔を出して「何かおもしろいことありますか?」と言う。手短に自己紹介すると、男は「乗りますか?」と言った。

私が助手席に乗り込むと、男は「自己責任でちょっと被曝しながら行きますか」と言って、除染作業が行われていた楢葉に向かい、あと数メートルのところで津波の被害を逃れた彼の家を訪れた後、富岡に向かい、若い頃に寿司屋をしていたという建物が残る無人の商店街を通り過ぎ、プラットホームだけが残る富岡駅の前で車を止めて外に出た。富岡では駅周辺の空間線量が最も低いことを私は後に知った。しばらくして仮設住宅に訪ねて行くと、等はパチンコをしていた正憲を呼び出した。こうして私は、小名浜の下神白《しもかじろ》の復興公営住宅に一人で住んでいた正憲とも知り合いになった。

二〇一六年八月下旬に等が運転する車で正憲の家に行くと、立入禁止の夜の森地区が見えた。正憲の「よめ」は夜の森の出身で、今ではいわきに住んでいた。いわきの人と結婚した「よめ」の妹も、いわきに住んでいた。姉妹の両親もまた、いわきに家を建てた。後に仙台で助産師の資格を取り、そこで働くようになった「ひめ」が時々里帰りするのも、いわきだった。正憲だけが富岡の王塚の家に通って来ていた。「おやじの代からだから」。父から受け継いだ家への愛着は、正憲だけのものに思われた。

二〇一七年一〇月末に、正憲の家が解体されるのを私は見に行った。富岡町から田村市へ向かって北西に走る県道一一二号線に沿って並んでいた近所の家々は、北西隣の家を除いて全て解体されて、更地になっていた。

二〇一八年七月初旬に訪ねると、隣の家も更地になっていた。正憲は家が無くなった土地に花を植えていた。庭には丸い鋳物のテーブルと四脚の鋳物の椅子が置いてあった。「誰か来たら休めるようにと思って」と正憲は言った。誰かが来ることを期待しながら、彼は家を解体した後も庭の手入れを続けていた。その誰かとは「よめ」と「ひめ」のことだと私は思った。

正憲は小名浜から毎日やって来て、花に水をやり、藤棚を作り、小さな家庭菜園に野菜を植え、庭がよく見えるように低い塀を新たに作り、屋根の鬼瓦の経の巻を切って塀の左右にあしらい、塀の上には小人の人形を据え付けた。下神白団地から、富岡駅前の復興公営住宅に引っ越しするつもりだと彼は言った。

生きた家は、家族たちと、祖先らが一緒になって時間の中を進んでゆく過程であり身体だ(Gell 1998: 253)。しかし、正憲の「家」はその身体を失っていた。

二〇一八年一二月下旬、夜になると人口が極端に減る富岡に滞在した私は、正憲の庭に何度か出かけた。庭の植物の数は、以前よりも増えていた。とりわけ菜の花の葉が、瑞々しく成長していた。以前は塀の上にかわいらしい小人の置物が二対立っていたが、更に犬や猫の像が並んでいる。誰か来たら休めるように、と思って置いたテーブルと椅子は盗まれ、正憲は「やる気なくなった」と言った。

家に対する強い思い入れは、彼一人のものに見える。「よめ」は正憲と別れ、「よめ」と妹夫婦と、姉妹の両親は、原発事故を契機に、再び一つの家族のようになっていわきに住んでいる。人類学の親族と婚姻研究は、兄弟姉妹と夫婦の関係の競合を問題にしてきたが、正憲の場合は、夫婦が別れ、姉妹が再び接近している。

一二月二五日の朝に正憲と会うと、役場にフレコンバッグを二つ貰いに行くというので、私もついて行った。「周りが草茫々でみっともないから全部草刈ってぶん投げた。知らない家だったらやらない。昔良くしてもらったから」と説明する。役場の中を歩きながら「もう知らない人ばっかりだ」と言う。正憲は、昔よくしてもらったから、という理由で、過去の贈与交換の続きを一人で続けている。

家があった場所には、過去を想起させる隠喩的な像や植物がいくつも付加されて、かつて存在した親密な関係を記念する祭壇になっていた。生きた家族や隣人との関係が、隠喩に置き換えられてゆくから、それは家ではなく、モニュメントだ。それは関係を内包した種のようだ。

一二月二九日の昼すぎ、人影も疎らな「さくらモールとみおか」に昼食を食べに行くと正憲がやって来て、その日の晩御飯の献立を教えてくれた。畑で採れた大根の一夜漬け、それに菜の花のつぼみとジャガイモの味噌汁。誰の味なのだろう。彼は血小板が減少する難病のために先が長くないという。放射能などもう気にしていないのかもしれない。

「よめさんとは時々会うんですか」。「うん。ヨーカドーで後ろからわって言うんだ」。なんてロマンチックな人なんだろう。昔も何度となくそんな風にしたのだろう。数日前、かつて商店街にあった梅月堂の娘で、六五歳の正憲より一五歳年下の「よめ」と同級生だった由紀子が、彼女はヨーカドーで働いていると教えてくれた。由紀子は正憲のことを「ずいぶん年の離れた背の高い人」と言った。正憲は由紀子のことを「梅月堂に姉妹がいて、妹の方、ちっちゃくてめんこい子」と言った。梅月堂は更地になり、由紀子もまた、いわきに住んでいる。

記憶と忘却

私が富岡に来る二日前の冬至の日、正憲は三〇個の柚子の実を浮かべた柚子湯に入ったという。庭に残されたあの柚子の木は、正憲が家族と暮らした日々の記憶の依り代となっている。

二〇一八年一一月二七日、私は大学の仕事の合間を縫って、元役場職員の和洋《かずよし》と会うために東京に向かった。彼は江東区にマンションを買った後も、富岡を頻繁に訪れている。一二月二日、私は福島第一原発事故の放射能の危険を巡る人々の主観的な地理的理解について研究するマリーと共に、和洋の妻が切り回した瀬戸物屋「ひろや」の店舗と、その裏手の家族が住んだ母屋と、更にその裏手の両親が住んだ離れを見せてもらった。そこには、原発事故によって断ち切られた生活が、物質文化の堆積となって残されていた。この家も二〇一九年には解体される。記憶の貯蔵庫のような町家から外に出ると、隣の町家もその隣の町家も更地になっている。菓子屋だったという隣の土地の一番奥に、実をいっぱいにつけた柿の木が立っていた。

二〇一七年一〇月三一日に、正憲の家が解体されるのを見に来た際、私は語り部をしていた弘子に紹介された。弘子はひろやと同じ並びにある仲山時計店の娘で、両親はいわきに家を建て、彼女と弟は埼玉県に住んでいた。弘子は家を解体するかどうか悩んだ末、残すことにしたと話した。住む人のいない家を残す理由は不明だった。

二〇一八年一二月二七日、私は弘子に再び話を聞くために、一月末に閉じられる富岡町交流センターを訪れた。弘子は「ゆきちゃん」と呼ぶ小柄な女性と一緒に当番をしていた。二人は商工会の会員らしく「会費どうしよう」と話している。弘子は家を残すことにした理由を、未練だと説明した。「私は娘だから父の未練を受け継いだけれど、お嫁さんはもう家を出ているからそれがない」。前の週にひろやの隣の更地で柿の木を見たことを話すと、由紀子が「うちの柿の木」と言った。最初の子供が生まれた二二年前に植えた柿の木だった。木が持続の中で記憶を保持している。私はある桑の木を想い出した。

それは二〇〇〇年五月頃だったと思う。私は内戦下のスリランカ中央のキャンディで、子供の頃、放課後に弟と二人、父が迎えに来るまで過ごしたタンガイア先生の家を探した。一九世紀半ばに英国のパブリック・スクールを真似て、植民統治下のキャンディ王国の首都に創立されたその学校から、記憶を辿りながら先生の家があったはずの場所まで歩いて行ったが、そこに家はなく、シンハラ人が経営する自動車修理工場があるだけだった。そのシンハラ人に、タンガイア一家のことを聞いたが、タミル人のことは知らないと言うので、私はあきらめて帰ることにした。しかし、周囲を見回すと、その家はそこにあったとしか思えなかったので、私は引き返した。

私が学校で成績が常に一番だったのは、彼女が毎日勉強を見てくれたからだった。家には別の学校の教員をしていた柔和な夫と、ドーンとデボラという二人の娘と、学校に通うために下宿していたクリシュナンというタミル人の少年がいた。（彼が内戦中に妻の目の前で射殺されたことを私は後に知った。）私はおてんばのデボラとは年が近かったので、よく走り回って遊んだ。家の裏庭に桑の木があり、実が熟すと皆で唇を紫に染めて食べた。一九八三年に内戦が始まり、虐殺が起こり、キャンディはタミル人にとって住みにくい場所になっていた（cf. Daniel 1996）。

タミル人のことは知らないと言い張るそのシンハラ人に、家の裏に桑の木があるだろうと聞くと、桑の木ならあると言う。裏庭に案内してもらうと、同じ場所にあの桑の木があり、家の記憶が堰を切ったように蘇った。

私は修理工場の床に残された壁の跡、居間のタイルの模様、廊下の摩滅した窪み、塞がれた溝の痕跡を辿りながら、三十数年前に過ごした家の構造を記憶の中で復元して、かつて存在したそれぞれの部屋にそのシンハラ人を案内した。彼は話を聞きながら、私が次々と復元する部屋から部屋へと付いてきたが、諦めたようにタンガイア先生がインドに逃れたことと、彼女の住所を知っている人々の名前を教えてくれた。桑の木に繋ぎ止められた記憶のおかげで、私は南インドのバンガロールで一人寂しく暮らすタンガイア先生を見つけることができた。私は南インドでフィールドワークを何年も続けていたから、それは難しいことではなかった。私はルーアンでこれを書いている。数日前、私はジャンヌ・ダルク通りの書店ラルミティエールで、リクールの『記憶、歴史、忘却』を見つけて読み始めた。リクールはベルクソンの『物質と記憶』を引用しながら、我々の記憶は、記憶＝慣習と記憶＝想起の二極の間に在ると言う。慣習は繰り返されて現在形で存在するが、想起は過去の出来事に関するもので心の中に存在する。リクールはまた、一つの記憶に対して、複数の想起を対置させる（Ricœur 2000: 30-32)。

あの柚子の木、あの柿の木、あの桑の木は、この両極を持続において繋ぐ特別な仕方で存在している。過去の一回性の出来事は、心の中でその都度違った形で想起されるのではなく、いつもそこに在る生きた木の形態において持続している。それは過去のある出来事が、現在形で生きる特別な形態を保持しており、同時に、一つの記憶と複数の諸想起が、その木の一つの身体においてまるで統合されているようだ。

厳密に言うと、それぞれの木は、目で見て、手で触れる過去の出来事そのものではなく、その記憶を宿して生き延びる記憶の片割れ、あるいはその代理なのであり、それは我々の記憶を助ける媒介ではあっても、記憶ではない。リクールは、我々が実際に想起しているのは、大脳＝対象、すなわち我々の大脳皮質に刻まれた出来事の痕跡だという（Ricœur 2000: 540)。

二〇一八年一二月二九日の午後、正憲と私は居場所を探して商店街の入り口近くに車を止めて立ち話をしていたが、気温が下がり、雪が舞い始めたので、富岡駅の売店に行くことにした。そこなら中でコーヒーが飲める。座って話し始めると店長が来て「すみません」と言う。午後三時四〇分に店を閉めて、一六時三分発のいわき行きに乗って帰るという。役場も、ショッピングセンターも、交流センターも、ホテルも、駅の売店も、富岡で働く人たちは、普通の生活ができる場所から通って来る。

一二月三〇日の夕方、私は一七時四分発のいわき行きに乗り、久之浜出身の慎吾が駅前で経営するパブに向かった。富岡から乗った客はまばらだった上、多くは浪江からの代行バスに乗って来た人たちだった。竜田、木戸、広野、末続、久ノ浜、四ツ倉、草野と停車する毎に、車両の賑わいが増してゆく。一七時四〇分に電車は眩しいほどに光輝くいわきに着いた。私は慎吾に富岡から来たと言い訳して、開店前の店に入れてもらった。この店の常連には、いわきに住んで富岡町役場で働く人もいる。私は午後八時前に店を出て、二〇時二〇分発の終電に乗った。来る時とは逆の順序で乗客は減ってゆき、二〇時五八分に暗い終点で降りたのは四人だった。正憲はここで記憶を守ろうとしている。富岡では記憶の住処が解体され、忘却が進む。

第9章　放射能は関係ない

リクールは人間の記憶を特権化する。その思考は人間中心主義的な忘却と恩寵へ向かい、バクテリア、粘菌、ホロビオント、超有機体が、情報を交換しながら出来事の痕跡を保持して生きる歴史を顧みない。私は先にリクールを参照しつつ、木は記憶の片割れであり「記憶ではない」と書いた。それは人間の記憶ではないが、木に刻まれた出来事の生きた痕跡、木の記憶だ。リクールは、分配された記憶を考えないから、我々は別の道を行くことにしよう。

孤立した疫学者

私はカーンに来ている。三月後半の二週間はACROのラボに通いながら過ごす。以前ACROには五人の職員がいたが、二〇一七年九月に訪れた時は四人、二〇一八年九月には三人、二〇一九年三月はミレイユが病気のために不在で、カリンとギヨームが膨大な量の仕事をこなしている。二人の表情に悲壮感はない。

数日前、私が使っているミレイユの部屋にダヴィドが顔を出したので、私たちはラ・アーグの海辺の水遊びという経路によって放射能汚染と白血病を関連づけようとしたヴィエルらの一九九七年の研究（Pobel and Viel 1997）の信用が傷つけられ、英国のセラフィールドの周辺で一九八三年に小児白血病の過剰発症が起きた際、再処理工場で働く父親の被曝と子供の白血病の間には因果関係があるとしたガードナーの研究（Gardner *et al* 1990）が激しく批判され、外部者の流入が白血病の原因だとする説明が支配的な言説になったパターンについて話した。結論はいつも同じだ。再処理工場が排出する放射能は、白血病の原因ではない。

一九九七年一月一〇日のリベラシオンは、翌日のＢＭＪ誌上にラ・アーグの海で遊び、海で獲れた魚と貝を食べるライフスタイルと、白血病の発症の間には因果関係があるとするヴィエルらの論文が発表されると報じた。同じ紙面には「ＢＭＪがこの論文を掲載したことが信じられない」とコメントしたクレヴェルを始めとするヴィエルらの研究の信頼性を疑う「専門家」たちの声を満載した記事が掲載された（Libération 1997.1.10）。

ラトゥールの科学の人類学が三〇年以上も前に定式化したように、科学的な発見は追随する支持者の数が増えるほどその真実らしさを獲得し、孤立するほどその信憑性を失う（Latour 1987）。ヴィエルを孤立させたこの作戦は教科書通りに進んだように見える。だが、原子力産業と同盟する科学者たちの連合が、ヴィエルを孤立させることに成功したとしても、消去できない事実がある。再処理工場の半径一〇キロ圏内の小児白血病の発症率は高いままなのだ（Guizar *et al* 2001）。

論争の外でもヴィエルを孤立させる圧力が掛け続けられた。ダヴィドによれば、ヴィエルは子供の身の安全を脅かされていた。また、この論争を巡ってダヴィドらがカーン大学のシェルブールキャンパスでヴィエルを招いてセミナーを開催しようとしたところ、部屋の使用を拒否された。この一件はシェルブールで問題となり、市長が部屋を提供してくれたために、大学の外でセミナーを行うことができた。

ヴィエルがその孤独な戦いについて書いた『原子化《アト》／分裂《ミゼ》した公衆衛生』(Viel 1998) によれば、フランスの環境放射能の研究分野は、原子力業界と巨大な研究機関と大学の共通の利益を守ることに利害関係のある「専門家」たちによって知が独占され、これは論文の出版や組織内の個人の出世と連動している。ヴィエルの戦いを支えたのは何だったのか。環境疫学者は市民だという自覚と職業倫理だと彼は書く。ヴィエルの論文を掲載したＢＭＪを批判したクレヴェルは、一体どのような専門家なのか。彼女は有毛細胞白血病という特殊な慢性白血病について論文を三本書いただけで、フランスにおける白血病の疫学のスペシャリストとして紹介されている (Viel 1998: 97-101)。

私がダヴィドから借りた八五フランの値段が裏に印刷されたこの本は絶版になっているから、容易に閲覧できるリベラシオンの記事とは異なり、制度のこのような配置の内幕に触れる機会は殆どない。

春分の日の前後の大潮の干潮は、海が最も大きく後退するため、試料採取に適している。だからこの週は試料採取が四度行われる。三月二〇日の午後、私はギヨームと共に泥と水を採取するためにカーンを流れるオルヌ川の河口に向かった。人手が足りないので、この日カリンは夫とサン＝ヴァレリ＝アン＝コーに向かった。オルヌ川の河口近くの自然の家の駐車場では、ギヨームの二歳と三歳の息子と彼の母と祖母が待っていて、試料採取は四世代の親族のピクニックのようになった。オラノではこのような市民的な様態の仕事は想像できない。赤いおんぼろのルノーから飾り気のないギヨームと同年代の女性が降りて来て仲間に加わった。彼女はラ・アーグ出身のルーシーと言って、カーン大学でナチスの歴史について博士論文を書いている。

ギヨームがオルヌ川河口で水と泥を採取する目的について説明した。春分と秋分に行われるこの試料採取は特殊なもので、この地点ではラ・アーグの再処理工場から流れてくる放射性核種とカーンの大学病院からオルヌ川に流れ込む放射性廃棄物の放射性核種が検出される。甲状腺癌の患部に蓄積した放射能も検出できる。

靴を泥だらけにして試料採取を終えたルーシーと歩きながら話を聞くと、彼女はラ・アーグに住んでいたので、ヴィエルの論文が発表された時の騒ぎをよく覚えていた。後日、ルーシーはその時のことを少し詳しく教えてくれた。

ヴィエル医師が研究を発表した時に起きた論争を私はよく覚えている。その論争の内容というよりも一つの事件として。私はその時一五歳で、このことを両親と兄と話し合ったことを覚えている。兄の友だちで白血病になった人がいて、誰だったか思い出せないけれど癌になった友だちもいて、両親が言うには、子供のあなたたちに白血病になった友だちや癌になった友だちがいるなんて普通じゃない。歳をとった人だったら友だちの中に癌になった人がいても普通でしょう。私の両親は原子力には反対で、ラ・アーグに原発を建設する計画「フラマンヴィルのEPR」の反対運動をしていた。暫く経ってから父はそこで働き始めたけれど。私たちはその二年前に一五歳で亡くなった姉のことは話さなかった。彼女はたぶん白血病で死んだのだと思う。彼女の病気と放射能汚染の間に関係があるかどうかは分からないけれど、彼女はたくさんの奇形を持って生まれてきた。二一トリソミーで生まれて、心臓にもいくつか奇形があった。ヴィエル医師の研究が発表された時は関連づけなかったけれど、カーンに住んで勉強をするようになった時、私はその関係を考えた。私は「怒る母たち」の会に行ってこのことを話してみたいと思うようになって、一九歳の時に母にそのことを話すと、母は怒ってそんなことに関わる必要はないって言ったけれど、私は「怒る母たち」の代表と会う約束をして会いに行ったら彼女は不在で、私はそれっきり二度と連絡しなかった。二〇歳の頃、私はこの問題に囚われていたけれど、今ではもうこのことには関心がない。

そうなのだろうか。ルーシーはこれと関係した何かの理由で、ラ・アーグと病院の放射性核種が出合う河口に試料採取に来たのではないか。ナチズムの歴史研究と泥の採取が結びついて見える。

知らない方が幸せ

ルーシーによると、原子力反対運動をしていた家族の中で、結局は再処理工場で働くようになった人たちは他にもいる。この地方で工場といったら、再処理工場と原子力潜水艦を建造する兵器廠くらいしかないのだから。ルーシーはラ・アーグを離れてこの関係が見えるようになった。

ヴィエルの論文は、一九九七年一月一一日の発表直後から批判に晒された。一月二三日にはOPRI（電離放射線防護局）が放射能と小児白血病の関係を否定した（Le Monde 1997.8.7）。それと前後して、環境大臣だったコリーヌ・ルパージュは、シャルル・スル教授を委員長とする専門委員会を組織して、六月を目処にヴィエルの研究についての調査結果を出すよう求めた（Libération 1997.1.22）。

一九九七年六月二八日は土曜日だった。その夜に放送されたJA2の二〇時のニュースによれば、その日の午後、再処理工場に隣接するボーモン・アーグの集会場では、専門委員会による調査結果が発表された。委員長のスル教授は「海岸に行くことに何ら危険はなく、ライフスタイルを変える必要はない」と断言して参加者たちを安心させた（JA2 20h 1997.6.26）。

八月七日のル・モンドの一面トップの見出しは「ラ・アーグの放射能に関する調査は投げ返された」だった。その下に「専門委員会の委員長スル教授辞任」の文字が並ぶ。五面は全面がスル教授が辞任したことに関する様々な記事で埋まっていた。何があったのか。

要点は二つある。スル教授が「海岸に頻繁に行くことも、地元の魚やカニを食べることも白血病の原因とはなりえない」と主張したその科学的根拠は、専門委員会が独自に調査した結果によるものではなく、再処理工場を所有するコジェマの調査結果が使われていた。またスル教授はエコロジストらに対して強い嫌悪感を抱いており、委員たちに対して、緑の運動家たちは全体主義者で、グリーンピースやＣＲＩＩＲＡＤは宗教セクトであり、彼らはテロによる恐怖政治を行う集団だと書いた手紙を送っていた。スル教授の辞任を受けて、アルフレッド・スピラ教授が委員長となると報じられた（Le Monde 1997.8.7）。

当時の産業大臣と環境大臣は、使用済み核燃料の再処理のエコノミーとエコロジーのバランスを見出すという現実には通約不可能な政治的な仕事を担っていた。委員長がスピラ教授となり、再処理工場から排出される放射能と白血病の因果関係の解明は進んだのか。スピラらによる研究は、人口の混入《ポピュレーション・ミクシング》という再処理工場寄りの要因と、放射能に起因する癌や生殖機能障害というエコロジスト寄りの要因の両方に着目して、今後も白血病の原因に関する研究を継続するという政治的な表現で締め括られている（Guizard *et al* 2001）。現実は、再処理工場から放射能の排出が続く。人々は白血病の原因について、それ以上知らないまま再処理工場の近くで暮らしている。

私には気にかかることが二つある。バカロレアの哲学の問題の中に、知と幸せの関係を問う問題がある。「知ることは幸せなのか？」このような問いに答えなければならない。「知ることは幸せではない」。このよく知られたドクサを問題にしなければならない。

典型的な例を二つ挙げる。一つは『創世記』の中の知恵の樹の果実（林檎）を食べたアダムとイヴが、善と悪、より正確には邪悪さを知って楽園を追われる物語だ。これは善悪を知らなかった時、人間は幸せだったという神話だ。もう一つはソポクレスの『オイディプス王』だ。オイディプスは疫病に苦しむテーバイの王で、彼は神託により先王ライオスを殺した犯人を追放することになる。ところが彼は自分がライオスの子供であり父殺しの犯人だったこと、そして妻のイオカステが自分の母だったことを知り、自ら目を潰してテーバイを去る。イオカステが願ったように、自分が誰なのか最後まで知ろうとしなければ、結婚生活は続いたかもしれない。

バカロレアの問題ならばソクラテスの「無知の知」から始めるのが正攻法だろうが、これを繰り返していたら、人間的な知の伝統に捕らわれ続ける。［もう一つの方法は、神とアダムとイヴの上向きの三角形、パパとママと私の下向きの三角形を解体するドゥルーズとガタリのやり方だが、良い点は与えられないだろう。」アントロポセンにおける生命の問題を、人間の問題として探求することには限界があるから、二つ目の関心事に移ろう。

「世界は自然ではない」。当たり前のことだ。先に挙げたヴィエル、スル、スピラは、どのような周囲世界の中から、(人間にとっての)世界と、(対象化されていない部分へと続く)自然と、どう関係を持っているのだろう。人文学や社会科学とは質の異なる生物学のから一〇のスケールを導入する。(1)生物圏、(2)諸エコシステム、(3)諸群集・群落、(4)諸個体群、(5)諸有機体、(6)諸器官、(7)諸組織、(8)諸細胞、(9)諸細胞小器官、(10)諸分子。最初の生物圏は単数であるが、それ以降は複数であり、スケールは徐々に小さくなり、個体数は指数関数的に増える(cf. Campbell *et al* 2018)。

地球を覆う生物圏から出発して、それを構成する諸エコシステム、諸群集・群落、諸個体群、諸有機体、諸器官、諸組織、諸細胞、諸細胞小器官を経て、諸分子の世界に至り、そこから逆方向にそれぞれのスケールを通過して、生物圏に戻る。この広大かつスケールの異なる生命の世界は、進化の過程で一続きに繋がる統一性と、遺伝子コードという共通の言語を持ちつつも、それは途轍もない多様性を生み出している。ホロビオントと超有機体は、このスケールを横断して細胞内共生的かつ共生的に存在している。核燃料サイクルのエコノミーとエコロジーのバランスはどこにあるのか。それは近代的国家システムの帳簿の中に見出されるだけだ。再処理工場から排出される様々な放射性核種は、この全てのスケールの中で、異なる時間的インタラクションにおいて見出される。

二〇一九年二月一二日から一六日にかけて、私は英国北西部のカンブリア地方のセラフィールドの再処理工場から2・5キロ南にあるシースケールに滞在した。ロンドンのユーストン駅から一〇時三〇分発のグラスゴー行きインターシティに乗り、一三時間四四分にカーライルで降りた。以前エディンバラに住んでいた頃、何度か通過したことはあったが、ここで降りるのは初めてだ。私は一四時一一分発のバロー＝イン＝ファーネス行きのローカル列車に乗り換えた。

年季の入った車両が、ディーゼルエンジンの音を唸らせながら走り始めた。駅近くにはトラクター屋があり、トラクターとそれに接続する作業機が並んでいる。列車は平野を抜けて灰色のアイルランド海沿いを走る。乗客の多くは一九八〇年代の初めまで炭鉱で栄えたホワイトヘヴンで降りた。その南には一二世紀の教会が残るセント・ビーズの村があり、そこにはＮＤＡ（原子力廃止措置機関）がある。ＮＤＡはマグノックス炉と再処理工場の廃止を担っているが、廃止費用を過少評価したことが問題となっていた。だが費用の過小評価は、事業を始めるための技術であり、本当の問題ではない。再処理工場を廃止する作業はオラノが行なっている。だがらパトリックがここで働いている。

放射能汚染を正常化する

カーライルから乗客を乗せた列車がホワイトヘヴンの駅に近づいた時、一艘の小型船がしぶきを上げながら西風が吹きつける茶色に濁ったアイルランド海を疾走するのが見えた。同じ方向に走っていた列車はスピードが緩め、船は大きく左に曲がり港に入って行った。ずんぐりとした古めかしいプレジャーボートだ。この海で遊ぶのか。

ホワイトヘヴン郊外のコーキルク駅に停車した後、列車はセント・ビーズ駅に停車して、バロー＝イン＝ファーネスから北上して来る列車を待ち合わせしている。バローと呼ばれるその港町は、日本から運ばれて来た使用済み燃料が水揚げされ、陸路セラフィールドに運ばれて再処理した後、ＭＯＸ燃料をそこから送り出した日本とは関係の深い場所だ。英国海軍の兵器廠では原子力潜水艦が建造されている。

一九九九年七月一九日のＢＢＣニュースによると、その日の午後、英国核燃料会社（ＢＮＦＬ）は裁判所からグリーンピースによる活動を禁じる差止命令を得て、ＭＯＸ燃料とプルトニウムを積み込んだパシフィック・ティール号とパシフィック・ピンテイル号は、バローを出港してシェルブールに向かった。ＢＮＦＬはシェルブールにおいてもグリーンピースに対する同様の差止命令を得ていた（BBC 1999.7.19）。

二〇〇二年九月一七日のガーディアンによれば、パシフィック・ティール号とパシフィック・ピンテイル号は、関西電力の高浜原発からＭＯＸ燃料を積んでバローに戻って来た。この核燃料はＢＮＦＬが検査結果を捏造したことが判明して受け取りを拒否されていたものだ。五年の歳月と一億一三〇〇万ポンドを費やして何が残されたのか。それは雇用だ（The Guardian 2002.9.17）。

二〇〇八年二月一二日の世界原子力協会の機関誌ＷＮＮは、一九八二年以来、英国およびフランスと日本の間の核燃料物質の輸送を担って来た太平洋原子力輸送会社（ＰＮＴＬ）所有のパシフィック・ティール号が、解体のためバローを出港したと報じた。ＰＮＴＬは英国の国際原子力サービスが６２・５％、フランスのアレヴァが１２・５％、日本の企業連合が２５％所有している（WNN 2008.2.12）。

二〇一一年八月三日のガーディアンは、二〇〇一年から稼働していたセラフィールドのＭＯＸ燃料工場が閉鎖されることを伝えていた。福島第一原発の事故の後、この工場で生産されるＭＯＸ燃料の半分を引き受けることになっていた中部電力の浜岡原発は停止し、残りの半分を引き受ける東電の原発も全て停止していた。市場は想定よりも小さかった。この工場と同じ想定で稼働しているソープ再処理工場は閉鎖されるのか。NDAは、これを否定している（The Guardian 2011.8.3）。

ソープは二〇一八年一一月に閉鎖された。マグノックス炉の使用済み燃料を再処理するB205も二〇二〇年には閉鎖される。その時点で稼働している再処理工場はラ・アーグだけになる。フランスでも核燃料サイクルは破綻している。六ヶ所の再処理工場は、なぜ稼働の準備を進めるのか。

バローからカーライルへ向かう列車の到着が少し遅れたために、私が乗った列車はセント・ビーズを遅れて出発した。次の停車駅はセラフィールドだ。ディーゼルエンジンを振動させて列車は海岸を走る。別荘と呼ぶには貧相な小家が線路を背にして砂浜に一列に並んでいる。人が住んでいる小屋もある。この海の放射能汚染は、六〇年以上も問題になっている。

一九五七年の原子炉の火災事故の後、この地方の農地は放射能で汚染されて牛乳は毎日捨てられた（McDermott 2008）。死者は出ていなかったとされるが、事故の結果どれだけの人々が癌で死亡したのかは不明だ。一九八三年一一月に再処理工場から高濃度の廃液を海に流したことをBNFLは秘密にしていたが、グリーンピースのダイバーたちが被曝したことから発覚した。安全を宣言した後も、高濃度に汚染された浮遊物が流れついたため、海岸は半年間閉鎖された。更に、高濃度の放射性物質を入れた複数のプールでは、腐食と漏出が何度も起きて、セラフィールドはどこを掘っても汚染物質が出てくると言われている（Bolter 1996）。海とは反対側の汚れた車窓から、セラフィールドの施設群が見えて来た。一九五七年一〇月一〇日に火災を起こして三日間燃え続けた核兵器用プルトニウムの生産のために一九五〇年に稼動したウィンズケール一号機の特徴ある煙突が、解体を始めて一〇年を過ぎてもまだ立っている。汚染のために解体作業が進まないのだ。一九六二年に稼働して一九八一年に停止したゴルフボールと呼ばれる改良型ガス冷却炉が見える。最初の商業原子炉と言われるコールダーホール原子炉の四つの冷却塔は二〇〇七年に解体されたが、廃炉には一〇〇年かかると言われている。このマグノックス炉は、核兵器製造用のプルトニウム生産と発電の二つの目的を果たしていた。一九五六年の一号機の運転開始の式典にはエリザベス女王が来た。この原子炉に地震対策を施したものが東海村に導入されて、日本最初の商業用原子炉になった。

一九八三年一一月一日に放映されたヨークシャーTVのドキュメンタリー「ウィンズケール、放射能の洗濯場」は、セラフィールドに隣接するシースケールで起きた小児白血病の過剰発症と放射能汚染の間には因果関係があるのではないかと問題提起した。村の教会では、白血病で死んだ三人の子供たちの葬儀が続き、しばらくの間、海岸で遊ぶ人がいなくなっていた。

列車はスピードを緩め、廃液を海に排出する二本の排水管のアーチを潜り、セラフィールド駅に止まった。大勢の男たちが列車に乗り込んできた。海側のプラットホームの上では、ホワイトヘヴン方面へ行く列車を待つ男たちの一群が、海の方を向いて立っている。

私は次のシースケールで列車を降りて、海に面したそのホテルに向かった。乳牛の看板が立つ正面にはアイスクリーム・パーラーがあり、ここの牧場で生産した新鮮な牛乳から作った自家製アイスクリームを販売している。二階の部屋に荷物を置いて海岸に出ると、私たちの海をごみで汚さないようにしよう、と啓発する言葉が並ぶ看板がある。放射能で海を汚染して、アイルランドとの間に国際問題を引き起こしているのに、海をごみで汚さないようにしようと啓蒙するのは、悪い冗談のように聞こえるが、確かに海岸にはごみが落ちていない。地元の人々が、ごみを拾っているのだ。放射能汚染が正常化している。

社会的な存在者である人間は、生物圏のスケールから分子のスケールまでを繋ぐ進化の過程においてではなく、人間の制度と組織と技術の歴史を前提とした特殊な社会的関心事を増進させるために、特定の分類法を作り敷衍する。原子力をグリーンなエネルギーだと定義する議論もこれと同じだ。この社会的な存在者の広義の集団は、生命の進化を貫く遺伝子コードにも介入して、また、核エネルギーを取り出して、その特殊な利害に奉仕させようとしている。その過程はコントロールできなくても、資本主義の観点から見れば問題ではない。重大事故は、「安定した」廃炉・廃止ビジネスを産むのだから。資本主義のこの可能性は、その自己破壊的な性質を示している (Deleuze et Guattari 1972: 164)。

キメ細かい砂の海岸は遠浅で、薄い水の膜に覆われた砂浜は硬く締まり、夕焼けの空の色をどこまでも映している。人と犬が散歩している。潮の引いた砂浜を歩くと、空を逆さまに映した水面を歩いているような気分になる。人は世界を妄想する。線量計のスイッチを入れると0.23μSv/hを指すが、数値は上下して落ちつかない。原子力施設から放射性プルームが出ているのか。排水管から海に放出された廃液が波の飛沫となって空中を舞っているのか。

第10章　主権の影

負の遺産を処理する

私は海岸からホテルの部屋に戻り、街灯が点いた黄昏の裏通りを北の窓から眺めた。村の北北西の方向には低い丘が連なり、セラフィールドを遮蔽している。それは自然の一部に見えるが、ランドスケープ・デザインの仕事だ。シースケールとセラフィールドの間にはゴルフ場があり、緑の緩衝地帯となっている。核施設とレジャー施設が交錯している。シースケールはセラフィールドで働く人々の住宅地として機能したが、海辺のリゾートを装っているようにも見える。それは失われた時のノスタルジーのようでもある。

連なる屋根の向こう側に、数本の細長い煙突と、ウィンズケール一号機の個性的な煙突が突き出ている。この煙突は、工事がほぼ終わった後でフィルターを付ける必要が判明して、箱型のフィルターを煙突の上に乗せ、作業用エレベーターを取り付けたために、機能を後からアドホックに外付けした形をしている。

一九五七年一〇月一〇日の原子炉の火災は、「広範囲な影響を伴う」ＩＮＥＳ評価５の事故だった。マンハッタン計画に参加した英国の技術者たちが、プルトニウムを精製したハンフォードに入れなかったこと、燃料棒が原子炉の中で変形することを想定できなかったことなどが原因だと言われている（Arnold 2007）。知識の欠落があっても、大急ぎで核兵器を開発したのだ。奇妙な煙突の形は、その不確実な過程を体現している。

ここで生産されたプルトニウムは、一九五二年一〇月三日にオーストラリアのモンテベロ諸島で行われた英国最初の核実験で使用された。核実験場の周辺地域に住む人々にとって、そこが遠隔地ではないとしても、セラフィールドよりも更に中心から離れた遠隔地の核実験場が必要だった。中心と周縁と周縁の周縁を核実験のサイクルが巡る。チャーチル首相は七年間に渡る科学者たちの苦労を慰労したと翌日の新聞が伝えている（Manchester Guardian 1952.10.4）。だが、組織の命令系統の図式を前提としたチャーチルの当たり前すぎる理解は、彼の「科学者たち」というエージェントの範囲が如実に示すように、仕事のやり方（*modus operandi*）の現実を捉えることはない。セラフィールドで働いた人々の証言集を読むと、名もない無数の人々が、自分たちが何をしているのか知らないまま巨大な国家プロジェクトに関わっていたことが分かる（Davies 2012）。色あせたあの煙突は、このプロジェクトの隆盛の徴だったが、それは没落の徴となって、今でも立ち続けている。

ホテルのダイニングルームに行くと、手前のバーでは男たちがサッカーを見ながらビールを飲んでいた。黒いポロシャツとヒップラインを見せるスパッツの女が二人働いている。Tシャツ姿の筋肉隆々の大男が入ってきてビールと夕食を注文した。男たちは冬でもTシャツだ。これがコードか。ホテルにはウェイトトレーニングの部屋もある。本を持った痩せた男がテレビのない奥のダイニングルームに入って行った。男がもう一人、奥の部屋で静かに食事をしている。皆セラフィールドで働く人たちだ。彼らは木曜日、あるいは金曜日に家に帰り、月曜日に戻って来る。

二〇一九年二月一三日の朝、私は海岸をセラフィールドに向かって歩く。前方を女と犬が歩いている。向こうから戻ってくる男と犬がいる。海岸は広いから挨拶を交わすほど誰かと接近することはない。砂州の上を歩く三人組の男たちとその前後を駆けまわる二匹の犬たち。彼らはまるで海の上を歩いているようだ。陸の少し高い所を列車が走り去る。前を歩いていた女と犬が砂州の上で引き返して戻ってきた。セラフィールドの煙突群が間近に見える。丘の陰に隠れていた核施設が姿を現わす。周りに散歩する人と犬がいなくなってしまった。私はそろそろ引き返そうと思い始める。ポケットには線量計とカメラとメモ帳とボールペン。対テロの警察隊が監視しているから、これ以上近寄らないほうが良いだろう。私は誰もいない砂州の上から引き返した。

ポケットの中の線量計の電源を入れる。湧水が流れている所に差し掛かり、石から石へと渡っていると、線量計が鳴った。ポケットから取り出すと0.39μSv/hを示している。私は歩いた跡を少し戻ってその何かを探したが、線量は降下して警報音は止んだ。遠くにシースケールの家並みが見える。その南のドリッグには、森のような姿をした放射性廃棄物の埋設施設がある。パトロールの車が現れる。

二〇一二年七月四日のガーディアンによれば、二〇〇七／八年から行われているモニタリングの結果、セント＝ビーズからドリッグまでの海岸では、二〇〇七／八年に三五三個、二〇〇八／九年に二四四個、二〇〇九／一〇年に二四一個、二〇一一／一二年に三八三個の放射能で汚染された物体が見つかっている（The Guardian 2012.7.4）。

海岸の本格的なモニタリングが始まった頃、一九五二年から放射性廃棄物が溜まり続けた施設の大清掃が始まった。二〇〇八年一一月、英国のＡＭＥＣ、フランスのアレヴァ、アメリカのＵＲＳからなる事業体が、危険な状態にある施設の浄化、あるいはリスクの少ない状態に改善する事業の契約をＮＤＡと交わした。この事業は一万人を雇用し、最大で一七年間、総額二二〇億ポンドの巨大プロジェクトになるはずだったが、度重なる遅延と事業費の肥大化に加え、専門知識の欠如が問題となり、二〇一五年一月に契約は解除された。セラフィールドはＮＤＡの子会社となり、ＮＤＡが直接この事業を実施している（WNN 2015.1.13）。

英国議会庶民院の報告書によると、古い原子炉の貯蔵プールやサイロの数々と、劣化したプルトニウムの貯蔵容器が大きなリスクだが、ＮＤＡには専門知識がなく、ビジネス・エネルギー・産業戦略省からＮＤＡの監督を引き継いだ英国政府投資会社にも専門知識がない（House of Commons 2018）。今までも仕事を始めてから知識を獲得するのが常態だったはずだが、知識のギャップはそれほど深刻なのか。

セラフィールドでは第三世代の原子力発電所を造る計画も頓挫していた。ＥＤＦとウェスティングハウスが受注を争ったこの計画は、二〇〇六年にＢＮＦＬからウェスティングハウスを買収した東芝が、二〇一〇年にＡＰ１０００を三基建設することが決まったが、計画は二〇一七年に中止になった。セラフィールドは、深刻な放射能汚染を浄化する計画が、大幅な遅れと費用の増大と専門知識の欠如を抱え、新しい原子力発電所を造る計画も頓挫して、巨大な負の遺産となっている（cf. NAO 2018）。しかしセラフィールドは止まらない。

二〇一九年二月一四日の昼、私は前年の九月にギィの家で会ったパトリックとセント・ビーズで食事をした。ここで何をしているのか、誰に会ったのか、と彼は矢継ぎ早に質問するが、自分のことは話さない。こんな日もある。私はバロー行きの列車に乗ってシースケールに戻り、ホテルでセラフィールドに関わった人々の証言集を読んだ（Davies 2012）。酪農家のケン・モーソンの証言を読みながら、この人は朝食の時間が終わった時間帯に、窓際で海を見ながらお茶を飲んでいる人だと気がついた。

その証言によれば、昔は夏になるとシースケールの海岸に大勢の子供たちがやってきた。一九五〇年に住宅建設のために父の牧場の半分が強制収用され、若い家族が村に入って来て、小学校の教室が不足した。セラフィールドで核兵器が作られていたことは秘密だった。原子炉の事故が起こり牛乳は全て買い上げられて下水に流された。海が放射能で汚染されてラヴァーブレッドを作るための海藻をウェールズに送ることはなくなった。二人の息子は大学を卒業して戻り、長男は牧場を近代化して乳製品とアイスクリームを生産し、次男は海辺の空家を買ってホテルを経営している。ケンは放射性廃棄物と事故を心配している。

二月一五日の金曜日の朝、文献を読んでいて遅れてレストランに行くと、窓際にそのケンがいた。厨房で働くスーが、今日泊まっているのはあなただけだから今夜は静かだと言う。今晩レストランは閉っているのか。

原子力マシーンの隠れた部分

その日の朝、海を見渡す窓際に座っていたケンは「ここからの眺めが一番いい」と言って私に席を譲ってくれた。私が彼の証言を読んだことを伝えると、彼は次のように話し始めた。

村の人たちは土地を強制収用され、新住民が大きな家を建てて、地元民は差別された。放射能汚染の危険を被っても、電気料金が安くなるとか、プールを造るとかメリットはないし、道はヴィクトリア朝時代のままだ。最初の頃、セラフィールドでは溝の中に放射性廃棄物を捨てた。何を捨てたのか誰も知らない。記録もない。雨が降るとそれは海に流れ出たし、土の中に染み込んだ。私はシースケールの消防団で長く活動した。セラフィールドには彼らだけの消防隊があって、交流はなかった。私たちが通報を受けてセラフィールドに出動した時は、中に入れなかった。彼らには地元の警察とは別の対テロ警察隊があり、三〇分毎に白地に黄と青のランドローバーが海岸にくる。（昨日の朝、この窓からランドローバーが砂浜に乗り入れるのを見ました。隊長らしい男が降りてきて砂浜を歩き回る間に、数人の男たちが屈んで何か採集していました。）それは週一回のサンプリングだ。魔女が海岸を散歩している。（魔女ですって。）魔女は三本足の犬と散歩している。罵声を浴びせてくるから近寄らない方がいい。（ソープが稼働をやめました。）数ヶ月前に稼働を止めて、放射性廃棄物とプルトニウムが大量に残されている。彼らは巨大な建物を建設していて、その中にプルトニウムを一〇〇年保管すると言っている。（それ見ました。一〇〇年は短い。）プルトニウムには使い道が無い。それは取り除かねばならないんだ。

一階のアイスクリーム・パーラーに友人が来ていると店員が呼びに来た。ケンは「一緒に行こう」と言う。私はノスタルジックな海辺の写真が飾られた店内で、エディンバラ大学とケンブリッジ大学で娘たちが学んだと話す夫婦と話した。彼／女らは教育にかなり投資している。私はエディンバラ大学で人類学の講師をしていたことがあったので大学の話になった。妻の方は教育を受けた人の破裂音を強調した英語を話したが、夫は発音には無頓着だ。余裕があるのだろう。

ケンと私は放射性廃棄物を入れたコンテナを林の中に埋めたドリッグの埋設施設に向かった。それは細長い森のように見えた。鉄条網で囲まれたその森は、線路に沿って二マイル続く。私が車の中から写真を何枚も撮ると「監視している」とケンが言った。そこから私たちは東に向かった。美しい牧場が点在する山麓の曲がりくねった道を行くと、見事なオークの林が見えた。オークはとてもイングランド的な木なんでしょう、とケンに聞くと、とてもイングランド的だ、と答える。病気に罹ったモミの木々の脇を通り抜ける。このモミはノルウェーから来た病気に罹っている、とケンが言う。イングランド的で硬く丈夫なオークと、外来の病気に罹ったモミを対照して、私たちはブレグジット（英国のEU離脱）について話し始めた。ケンは離脱に賛成だ。農場に作られた池を指差しながら、食料生産するのが農業なのに、野生保護の名目で池を作ると補助金が貰えるEUの共通農業政策はおかしい……木を植えるのは良いのだが、と言う。間もなく木が生えていない異界に出た。

標高一〇〇〇メートルに満たなくてもイングランドで一番高いスコーフェル・パイクとイングランドで一番深いワスト・ウォーターの景観はとても原始的だ。だが、この湖と再処理工場は地下のパイプで繋がっている。対照的に見えても両者は構造的に接合しているのだ。私の中で、六ヶ所村とラ・アーグとセラフィールドのイメージが重なった。辺鄙な場所の再処理工場のそばに軍事施設があり、その周囲を崇高な自然が取り巻いている。第二次世界大戦中、セラフィールドとドリッグは軍事施設だった。夜はゴスフォースという山麓の村で夕食をご馳走になった。そこは近隣の人々が家族づれで集う村の旅籠《はたご》らしい場所だった。セラフィールドとゴスフォースは対照的な姿をしているが繋がっている。

私は原子力開発と事故の歴史について調べるうちに、特定の地域に造られた個別の原子力施設を繋いでアクターたちを行き来させている巨大なシステムに関心を抱くようになった。これを考えるために私が参考にしたのは以下の四つの人類学・人間学の系譜だ。

一つ目は、エリック・ウルフやシドニー・ミンツらの世界システム論的な研究だ。ミンツは、カリブ海のサトウキビ畑の労働者たちの日常と、近代ヨーロッパの食卓に欠かせない砂糖を一続きの生産と消費のシステムの中で再考した（Mintz 1985）。このような生産システムは、人間の再生産システムと連動している（Meillassoux 1981）。核開発・原子力開発は、このような中心と周縁と周縁の周縁を繋ぐ一続きのシステムとして考察することができるが、砂糖の生産と消費のシステムとの重要な違いがある。砂糖の生産システムでは、生産過程の途中で生まれた様々な形態の派生物は、全て食べることができる。原子力マシーンの場合これはあり得ない。定義上、前者は解放系で、後者は閉鎖系だが、環境への放射能の放出と漏出と投棄を通して、実際は後者もまた解放系だ。原子力マシーンが解放系であることを認めねばならなくなると、今度は安全基準を変更したり、低線量被曝は問題ないと主張する必要が生じる。

二つ目は、社会性の概念を人格を持つ人とモノへ拡張したマリリン・ストラザーンによる贈与交換の過程における（個人と社会の関係ではなく）人格に内在した諸々の社会関係的な諸要素の再分配のされ方の研究（Strathern 1988）、そして社会にではなく人間と非人間の諸アクターの連合に着目したブルーノ・ラトゥールの科学の人類学だ（Latour 1993）。人類学が慣れ親しんだこれらの研究とは別の潮流が、我々を更に先へと導くだろう。アンリ・ベルクソンは、細胞からなる人間も動物社会も人間社会も連合であると考えたし（Bergson 1932）、リン・マギュリスはバクテリアが社会的な進化を遂げたからこそ、地球上に動物と植物が存在するようになったと考える（Margulis 1988）。

シモンドンの概念を使うと、技術的な対象物においても、最初に個体があるのではなく、進化の過程の中で前個体の状態から個体化が起きる（Simondon 2005）。それはストラザーンの贈与論において、個人と個人が贈与交換を行うのではなく、贈与交換の過程において個体化が起こるのに似ている。贈与交換は過去の贈与交換の結果を内在させた個体内の諸要素を再分配する。マギュリスは生きたバクテリアが原核生物の中に入り込み細胞内共生して細胞の中のミトコンドリアや葉緑体となり、新しいタイプの生物が生まれたと考えた。生物、機械、システム、思考の進化が、このような個体化を伴う過程だとすれば、別々のものとして表象されている原子力の軍事利用と平和利用においても、同じタイプの人と技術と物質が、細胞内共生的に、あるいは社会的に連合して、その発生過程の準安定的（metastable）な状態においてバクテリアの働きに似た形質導入（transduction）が起こり、新たな個体化が起こり、一つの個体が生み出される。生み出された個体と周囲世界の関係は、以前の関係と同じではありえない。

三つ目は、権力の働きを人間のあらゆる活動の統治へと拡張したミシェル・フーコーの生政治、オイディプスの抑圧の発見が人を虜にする罠であることを見抜いたジル・ドゥルーズとフェリックス・ガタリ、生政治を発展させて主権権力の例外的な性質に光を当てたジョルジョ・アガンベンの主権研究だ（Foucault 1972; Deleuze et Guattari 1972; Agamben 1998）。アガンベンに引き継がれたこの問題系は、非常事態を宣言して自らは法に支配されない例外的な主権権力と、人類を一瞬のうちに破壊できる核開発への情動との親和性を示唆するし、ドゥルーズとガタリは、主権権力の軛のからくりの再生産から逃れる方法を示している。

四つ目は、すでに述べた時間性だ。このような試みを経て、我々はこの研究対象が見かけとは別の形をしており、想定とは異なる装置《ディスポジティフ》において働くと考える。

原発事故は隠された広大な部分を持ち、原子力マシーンは広範な社会的な諸関係と多様な諸エージェントを取り込む装置を持ち、それは周縁の周縁に至るまで生産経路の網の目を拡げ、経済的には説明できない高速炉や核融合炉の実用化への意志によって突き動かされている。原子力マシーンの人間の手に負えない強大なエネルギーがこれに連なるアクターたちの欲動を掻き立てる。人間の時間が終わると、原子力マシーンは自動化する。放射線防護の煩雑な過程が示すように、合成エージェントとなった人間は自律性を持たない。見えない部分を含む合成マシーンを追跡して記述するためには、上記の四つの視点を取り入れて、更にガイアの観点からこれを再問題化することを試みるのでなかったら、この探求は有意な目的《テロス》を持ちえない。

放射能を引き寄せる放射能汚染

原初の地勢にロマン主義の詩情を重ねた湖水地方の景観の中をゴスフォースの村まで走り抜け、化学工場のようなセラフィールドを経由してシースケールに戻ると、ケンはレストランの奥の部屋を好きに使って良いと言った。彼は奥の厨房にいたスーに軽食を作ってくれと頼み、窓際のテーブルで私たちはチップスと目玉焼きを食べた。明日の朝は誰も来ないから、そこの冷蔵庫から牛乳とヨーグルトを出して。そうだ。パンはここ。これがトースター。ポットと紅茶はここ。バターとジャムはここだ。

私が厨房に皿とマグカップを下げに行くと、防水ジャケットを羽織ったスーが帰ろうとしていた。彼女は日本人を知っているという。六〇歳くらいで気さくな感じのスーは、セラフィールド内の宿泊施設で働き、一二年前にそこが閉鎖されてからはこのホテルで働いている。一五年くらい前に日本人が来ていて……典型的な日本人の名前言ってみて。(タナカ、サトウ、ヤマダ……)ヤマモト、フジオカ、もう一人は思い出せない。トシバの人たちが長期滞在していて、下っ端じゃない。ゲストハウスはＶＩＰだけが泊まる。私の夫はコジェマに行っていた。

それ日本の会社？（コジマはそうですが、コジェマはフランスのラ・アーグにある再処理工場です。）夫はセラフィールドで働いてる。

ラ・アーグとセラフィールドの間を、再処理施設に必要な様々な人と物質と機材とノウハウと戦略と感覚が行き来している。両者には明らかな違いもある。ラ・アーグは今でも再処理を続けているが、セラフィールドは汚染と廃止と貯蔵の施設になっている。

私はケンに一九八三年に問題となった小児白血病の原因が、人口の混入なのか聞いてみた。ケンは他の理由があるんだろうと静かに言った。ケンは何人かの友人たちに電話をかけて、家にいたネヴィルの所に連れて行ってくれた。ネヴィルの家は、ケンたちの牧場の半分を強制収用して造成した住宅地にあった。すぐそばには農場の入り口があり、通りからは見えない牛舎の匂いが漂っていた。ケンは道に出て来た小学生の孫と後で迎えに行くなどと話していた。

ネヴィルは七一歳の年金生活者だ。彼はバロー＝イン＝ファーネスで生まれ、専門学校で化学を学び、一八歳から退職するまでセラフィールドで働いた。地元から採用された他の人々と同様に、ネヴィルはセラフィールドで働いたことを誇りに思っている。彼は機材を製作したり、博士号を持つ人々と放射能を扱う仕事してきた。仕事はとても楽しかった。だから再処理工場が稼働を止めたことが残念でならない。「再処理の仕事が全て終わり、努力して作り上げたことが全部バラバラにされた」と彼は言った。私はセラフィールドの放射性廃棄物のゆくえについて質問した。

二〇年かけて地層処分をする場所を探したが、適した候補地は全て地元が反対しているから最終処分場はない。（どうなるんですか。不動産の価値が下がるから反対していると聞きました。）原子力に対する人々の態度はマヌケだ。怖がって固まっているんだ。彼らは核兵器と原子力エネルギーの平和利用の区別がつけられない。原子力エネルギーに反対する人たちは、大衆に恐怖を抱かせる専門家だ。反原子力のロビイストたちはこの恐怖を利用している。今我々は多くの施設を解体して、それを入れる建物を建てている。（ということはセラフィールドにもっと放射性廃棄物が集まって来るんですね。）どういうことだ。（他の場所の原発が廃炉になれば汚染物質が運ばれてくるんでしょう。）セラフィールドに運んでくる。しかも沢山ある。（セラフィールドが重荷を背負う。）あそうだ。だが誰も気にしない。彼らはそれを理解している。

そうなのだ。原子力施設の事故が起きた場所や再処理工場が稼働する場所は、放射能汚染を引き寄せる。古い原発を廃炉にした跡地に新たな原発を造る計画が立てられるし、再処理工場のある場所はすでに放射能で汚染されているから放射性廃棄物を保管しやすい。富岡も大隈も双葉もそうなりつつある。

セラフィールドで総務担当の取締役だったハロルド・ボルターは、地層処分の候補地はどこも反対しているので、放射能のリスクに慣れたセラフィールドと、高速増殖炉があったスコットランドのドーンレイが適していると言う。セラフィールドの核のごみを海側の地下に埋設する計画があったが、アイルランドとマン島の強い反対を受けて、五キロ東のゴスフォースが良いと判断した。しかし住民が反対するので、ゴスフォースの東側の牧場の下が適していると彼は主張する（Bolter 1996: 127-133）。イングランドの故郷のようなあの景観は、高レヴェルの放射性廃棄物を覆うランドスケープとなるのだろうか。住民の反対にも拘わらず、時間の経過と共にセラフィールドとその周辺が地層処分の唯一の候補となっている（Blowers 2017: 72-128）。

セラフィールドには核のごみが集まってくる。「だが誰も気にしない」とネヴィルが言うように、それは正常化され、新たな原子力施設や放射性廃棄物の用地となる。彼にシースケールの小児白血病の過剰発症について聞いてみた。

一年前に亡くなったこの通りに住んでいた男の最初の子供は白血病で死んだ。原子力に反対する運動家たちが騒いだが、あれはイカサマだった。サザンプトン大学の（ガードナー）教授の低線量被曝の理論は、純粋なでっち上げだ。白血病の全てのケースの原因は人口の混入だ。この村は英国中で最も健康な場所なんだ。この村に住むある男は事故でプルトニウムに汚染されて五年で死ぬと言われたが、今八六か八七歳だ。プルトニウムは体内に入ったままだ。プルトニウムはα線を放射する。そうだろう。まずプルトニウムを取り巻く細胞が照射される。すると硬い皮膚のようになりプルトニウムを取り囲む。プルトニウムは体内で封じ込められてα線はこれを通り抜けられない。

ネヴィルはその語りの中で、放射線治療の文脈で使われ、宗教の文脈において神から発する光を描写する際に使われる「照射する《イレイディエイト》」（irradiate）という肯定的なニュアンスの用語を二度使い、「汚染する《コンタミネイト》」（contaminate）という否定的な用語は一度だけ反語的に使う。ゾナベンによればラ・アーグの再処理工場でも肯定的な語感の「照射《イラディアシオン》」（irradiation）と否定的な「汚染《コンタミナシオン》」（contamination）が使い分けられる。隠喩の次元において、前者は表面に留まるが、後者は肉と血の中に侵入する（Zonabend 2014: 187-193）。英仏の再処理工場において国境とローカルな生活世界を横断して核エネルギーの危険性を小さく見せる用語法が使われている。

第二次世界大戦後のフランスの国威を賭けた核開発について研究したヘックの『フランスの輝き』（2009）に使われた「輝き《レイディアンス》」（radiance）の概念は、「照射する《イレイディエイト》」の語幹「輝く《レイディエイト》」（radiate）の名詞形だ。ヘックはフランスが占領によって失った栄光を国家の威信を賭けて核開発によって取り戻そうとした歴史を描く。核エネルギーの輝きは国家の威光だ。英国の核開発もまた同様の役割を担っていたに違いない。再びセラフィールドに戻ろう。

私はセラフィールドで働く人々の癌の罹患率が、イングランドとウェールズ平均より5％低いことを知って以来（Omar *et al* 1999）、それが不可解な謎だった。ボルターもセラフィールドの作業員たちの癌の罹患率は英国の平均よりも低いと言う（Bolter 1996: 154）。この数字からシースケールがより安全な場所だと帰結できるのか。それはできない。二つの反証が考えられる。

第一に、セラフィールドで調査の対象となっているのは正規雇用の作業員であり、非正規雇用の作業員が除外されている可能性が高い。原子力業界では非正規雇用の作業員が被曝したまま働く場所を変えて追跡されていない傾向があり、癌が進行した頃は別の場所にいて、その事実が統計に反映されないことが知られている。正規の職員は、そこが北米のハンフォードであろうと、旧ソ連のマヤークであろうと、極めて高い質の生活が保証されていた (Brown 2013)。

第二に、X線とハンフォードの低線量被曝の危険性を問題にしたために、英国の疫学会のドンだったリチャード・ドール卿から信用を傷つける攻撃を受けたオックスフォード大学の元同僚のアリス・スチュワートは「例外的に健康な人々がこの最も危険な仕事にリクルートされていた」と証言している (Greene 2017: 120)。放射能の有害な影響を否定する統計には、このような固有の文脈があり、統計が示すのは、再処理工場の従業員たちの質の高い生活だ。

だが、これも過去のものとなり、セラフィールドでは解体と廃止だけが進み、そこにフランスの国営企業が入っている。輝かしい未来は消え、汚染の管理が残る。「私はフランスが嫌いだ。征服者ウィリアムが一〇六六年にこの国を征服したことを私は絶対に許さない」。これはネヴィルにとって主権権力に関わるひとつづきの問題だ。

幕間　ポールの生き方

二〇一九年三月一三日の昼過ぎ、私はルーアンの小さなレストランの大きなテーブルに通された。女性が多い。向かいには二人の大学生。右手には窓を背にして年配の二人。大学生は講義の話をしている。横の二人は囁くように話すので良く聞こえない。料理が来てジャン＝ピエール・ルゴフの『昨日のフランス』（Le Goff 2018）をテーブルに置くと、隣の一人が「あなたは歴史学者？」と言った。こうして私はクレールとカトリーヌと知り合いになり、土曜日の昼に木々に囲まれて本でいっぱいの二人の家に招待された。

二〇一八年の大晦日の朝、私が富岡のホテルでギィから受け取ったメールに添付されていたのがこの本の「大きな変化」という章の写真だ。そこには一九五〇〜六〇年代のラ・アーグ、昔のままの生活を続ける一人の小農の日常に接近したレミ・モジェの記録映画「ポールの生き方」（二〇〇五）、そして著者の祖母と祖父の二つの家の記憶の断片が綴られていた。一九五〇年代のラ・アーグには、零細な漁民、牛と羊を飼育して乳製品を作る小農、海底鉱山の労働者らがいた。フラマンヴィルの原子力発電所が建つ場所には、海底の地下に坑道を伸ばしたディエレットの鉄鉱山（一八五九〜一九六二年）があった。それは坑道に海水が流れ込むためにポンプで汲み出しながら採鉱する危険な仕事だった。坑夫たちはスペイン、イタリア、ポーランド、チェコスロバキアなど、ヨーロッパ各地から来ていた（France 3 2016）。

一九六二年に海底鉱山は閉じられたが、その年にラ・アーグの再処理工場の建設が始まると彼らはそこで働き、一九七九年に始まったフラマンヴィル原発の建設工事も労働者たちを引き寄せた（Le Goff 2018: 150-156）。人口の混入は始まっていたが白血病への言及はない。この辺鄙な半島の先端の漁民と小農の生活世界に、エレベーター、トロッコ、揚水ポンプなどの大掛かりな機械が持ち込まれ、沖にはロープウェイで運んだ鉄鉱石を輸送船に積み込むための櫓のような形をした船着場があった。人々はこの海で遊んだ。

二〇一九年三月二七日の朝、私はカーンからシェルブール行きの列車に乗り、終点の手前のヴァローニュで降りた。その夜、原子力施設で事故が起きた際の避難について話し合う集会がここであり、ギィが発表することになっていた。私はギィの家でマリーと三人で昼食を食べて、ギィと二人でヴァローニュとディエレットで行われる反原子力のデモに出かけた。マリーは友人と散歩に行くと言って家に残った。

ヴァローニュの郵便局前の広場には二〇名ほどの男女が集まり、横断幕を広げたり、旗を掲げたり、トラクトを手にして立っていた。ジャーナリストとカメラマンが来た。鳥打帽の男が慣れた感じでインタヴューに答えていた。「あいつはおしゃべりだ」とギィが言った。男女二人組の警察官が来てにこやかに挨拶している。と思ったら解散になった。次の場所はディエレットだ。ギィは夜に行われる集会でうまく話ができるか心配らしく、落ち着かない様子で「家でコーヒーを飲んでから行こう」と言った。

エスプレッソを飲みながら、私がセラフィールドでパトリックに会った時のこと、ACROのラボでセラフィールドの海岸のサンプリングのレポートを読んだことを話すと、ギィが「それは僕がやったんだ。国境を越える時に税官吏がこっちを見るから、怪しい砂と海水と海藻を積んでいたから緊張したよ」と言った。彼の話には税官吏がよく出てくる。

マリーが散歩から帰って来た。後ろから考え込むような表情の女が入って来て手を差し出した。「私はミリアム。パトリックの妻。はじめまして」。ミリアムは「その調査は国のため？　大学のため？」と私に聞いた。これは国のためでも大学のためでもなく研究費を貰っても貰わなくても続けていると答えると、彼女はよく解らないという顔をした。「フクシマは今どうなの？」。「復興が表向きの話題の中心で、まるで原発事故のためにビジネスチャンスが来たようだ」。「何て臆面のない」。そうなのだ。しかしパトリックも英国で同じようなことに加担している。そこは遠くのものが不意に隣に現れて近くのものが遠くにあるカフカの世界だ。

ディエレットの港の前には、同じ面々がいた。ラジオ局の美しい顔のアナウンサーが長い髪をなびかせながら参加者にマイクを向けている。警察が来たが何もせずに立ち去った。青い海の向こうの半島の先の丘の上には再処理工場が見える。一人の女が彼／女らの四〇年の活動を記録した本を私にくれた（CRILAN 2015）。ギィが頁をめくり、ディエレットの断崖が写った白黒写真の中の髪の長い若者を指差して「これは僕だ」と言った。

再処理工場近くの半島の先端にはポール・ベデルの小さな農場があった。映画の中の七五歳のポールは二人の独身の妹たちと一九五〇年代とほぼ変わらない生活を送っている。農場から再処理工場が見える。その反対側は海が半島の先端を包み込むように迫り、岩礁の上の灯台が見える。彼は父から受け継いだ古い機械を操り、放し飼いの乳牛の乳を手で絞り、カトリック教会の聖具係を勤め、海岸の岩場でロブスターを捕まえ、タマキビ貝を採集し、妹たちは放し飼いの家禽の世話をして時にはこれを締め、バターを手で丸めた（Mauger 2005）。

ポールと二人の妹はなぜ伝統を守ることができたのか。誰も結婚しなかったからだ。一七歳の時、ポールには好きな娘がいた。ポールは彼女と海岸を歩いたが、拒絶されることが怖くて愛を告白できなかった。三年間の兵役を終えて村に戻ると娘は別の男と婚約していた（École-Boivin 2009: 16-20）。ポールは再処理工場の前を通る時、背を向けて海の方を見る。ヴァローニュの集会で一人の男が身振りを交えて同じ仕草の話をしていた。もしも結婚していたら予期せぬことが次々と起きたはずだ。ポールは結婚して子供がいたら再処理工場で働いていただろうと語る（ibid.: 173, 184）。

二〇〇七年七月にポールはフランスの農業に貢献したとして（農業の進歩とは無関係に生きたことがフランスの農業にどう貢献したというのだろう）エリゼ宮殿で農事功労章の勲章を授与された。ポールが牛を手放すまでの一年間を丹念に追ったドキュメンタリーを見て感動した人々が遠くから会いに来た。彼／女らはポールと記念写真を撮って帰って行った。人々はなぜそんなことをしたのだろう。社会的再生産ができなくなっていたポールはなぜ功労章を授与されたのだろう。絶滅種となった小農を英雄として讃えて勲章を授けたこの象徴的行為は、主権権力に何を与えたのだろう。ポール・ベデルは二〇一八年九月二四日に八八歳で亡くなり、「ポールの生き方」はその秋に何度か再放送された。

一二月三一日にギィがこの映画のことを詳しく書いた『昨日のフランス』の一つの章の写真を送って来て、私は富岡のホテルでこれを読んだ。

三月二九日の朝、私はルーシーに勧められたカーンの戦争記念館を訪れた。来館者は二つの筋からなる解放の物語に沿って展示の中を進む。一つはナチスとの戦い。ユダヤ人は赤ん坊でさえも収容所へ送られた。カーンに住んでいたある赤ん坊の拡大された写真を見る。とても残忍だ。もう一つは日本軍との戦い。中国人の首を切り落とす前にカメラに向かってポーズをとる日本兵。とても野蛮だ。前者はノルマンディ上陸によって終わりが始まり、後者はヒロシマとナガサキのキノコ雲で突然終わる。教師たちに引率された中学生たちが立ち止まってはノートに何か書き込んでいた。私は恣意的な遠近の使い分けに問題を感じる。ナチスと日本軍の残虐な行為を間近で見た物語の視線は、キノコ雲を遠くから眺めてその下の人間を見ない。視線の遠近の切り替えは残虐を選択的に隠している（cf. Butler 1992）。もしも遠近を織り交ぜて両者を同じように観察していたらどんな帰結になったのだろう。

解放の物語はここで終わるが、生存者たちは統計に転換されて進歩に貢献し続ける。ヒロシマを放射線の人体への影響に関する世界最大の実験にした科学の性質は何か。「進歩に犠牲はつきものだ」という常套句は進歩の野蛮を覆い隠す（cf. Stengers 2015）。

一九六〇年二月一三日。アルジェリア独立戦争の最中にフランスがサハラ砂漠で成功させた最初の核実験は、一五〇人のアルジェリア人の囚人を被曝の生体実験に使った。ノルマンディの誇りギヨームがイングランドの屈辱であるように、核実験成功の誇りと愛国はアルジェリアの屈辱となった。この裂け目から主権権力の進歩への欲動と野蛮が見える。地政学的な衝突においてガイアは忘れ去られている。

三月三〇日、クレールとカトリーヌから「私たちはイースター休暇をディエレットで過ごすからあなたも来ない？」とＳＭＳが届いた。ギィたちが反原子力運動を続けて来た場所でヴァカンスを過ごすと何が知覚できるか興味深いが、私は日本に戻らねばならない。遠くのものがまた不意に現れた。

おわりに

二〇一九年七月一六日。私は先週からニューメキシコに来ている。侵食が創造したニューメキシコ北西の切り立ったメサ。褐色のメサとメサの間の深い渓谷の底に点在する緑。この巨大な景観は人間を圧倒する。メサから砂漠へ広がる先住民たちの広大な生活世界の中に、ウラン鉱山、核兵器開発施設、放射性廃棄物の貯蔵所がいくつも存在する。

トリニティ、リトルボーイ、ファットマンが開発されたニューメキシコ北部ロスアラモス周囲のプエブロ・インディアンの大地（母）には、放射性廃棄物が捨てられて谷間を汚染している。ニューメキシコの北西からアリゾナへ広がるナヴァホ・ネイションには数多くのウラン鉱山があり、土地と水は汚染されて人々が亡くなっている。ニューメキシコ南東のカールズバッドの東部の砂漠の地下には核廃棄物の地層処分施設があり、プルトニウムで汚染された廃棄物が運ばれて来る。ＰＲ担当者らは認めないが、核兵器用のプルトニウムをここに埋設する計画が進む。そこから東に向かったテキサスとの州境の油田の町ユーニス郊外には、放射性廃棄物の暫定貯蔵所を造る計画があり土地が買収されている。砂漠の黄昏の空の下に佇むと、光と闇の模様の中に吸い込まれそうだ。

一九四五年七月一六日。ニューメキシコ南部のトリニティ・サイトと呼ばれる地点で、世界最初の核実験が行われた。ヒロシマのリトルボーイではなく、ナガサキのファットマンと同じ型のトリニティが最初の核兵器の爆発だった。トリニティ、リトルボーイ、ファットマンが製造されるまでの間に多くの人々が被曝した。ウラン鉱山やウラン精錬所の近くに住んでいたインディアンたちは補償を受けていない。

一九七九年七月一六日。ナヴァホ・インディアンの保留地チャーチロックで、ウラン鉱山の採掘カスを溜めていた精錬所のダムが決壊して、流出した大量の放射性廃棄物が先住民の世界を汚染した。ウラン鉱山の採掘カスを溜める堤にはそれ以前から亀裂が入っていたが、誰も気に留めなかった。その日、チャーチロックの乾いた谷間に水が突然現れた。雨が降っていないのになぜ水があるのだろう。ウラン鉱山で働いていたナヴァホのラリーはそう思った。彼／女たちはこの事故の補償を受けていない。

二〇一九年七月一三日、土曜日。チャーチロックのウラン精錬所の決壊事故四〇周年の記念式典が、レッド・ウォーター・ポンド・ロード・コミュニティのトタン屋根の式場で行われた。会場のすぐ北側には、ウラン鉱山の採掘カスに土を被せた土手のような構造物が続く。放射性廃棄物の除去ではなく、埋め立てが行われたのだ。午後に激しい雨が降った。私の前にいたジャーナリストが手にしていた線量計の表示は0.42μSv/hに跳ね上がったのが見えた。後で彼女にそのことを聞くと、その後0.2μSv/hまで下がったという。

七月一五日。ナヴァホ・インディアンの若い女性の活動家レオナが、チャーチロックのウラン採掘が新たに計画されている場所に連れて行ってくれた。ここでは、ウラン鉱脈がある地下の地層にウランを溶かす酸やアルカリなどを溶かした水を注入して、溶けたウランを含む溶液を汲み上げる「その場で分離する《インシチュ・リーチ》」方法でウランの採掘が行われようとしていた。四〇年前にウラン採掘カスの決壊事故が起きた場所のすぐそばで、地下水を汚染することが知られる安上がりな方法でウラン採掘が再開されようとしている。鉱山会社にとって効率の良いこの採掘方法は、ナヴァホ・インディアンの土地と水を汚染する。

採掘予定地の閉ざされたゲート前で空間線量を測ると0.22〜0.25μSv/hだった。道路の反対側には、ナヴァホの人々の家が点々と続く。一番手前がラリーの家だ。福島第一原発事故から八年が過ぎて、フクシマでは「復興」が合言葉になっている。チャーチロックでは決壊事故から四〇年が過ぎても、彼/女らは様々な疾患に苦しみながら補償を受けられない。ウラン採掘は止まらない。これが私たちの知らない原子力マシーンの周縁の周縁の現実だ。原子力エネルギーは汚れている。周縁ではランドスケープ・デザインによって放射能は美しく隠されるとしても、周縁の周縁では隠されることもない。

レオナは高性能のガイガーカウンターを持ち歩く。彼女は放射能について、活動の仕方について学びつづけ、集会で話し、学校で話し、ガイガーカウンターの使い方を教え、署名を集めながら話しかける。その言葉はわかりやすく、比喩は劇的で、論点は明確だ。助けてくれる仲間は多いが敵も多い。かつてインディアンの土地を奪い、今も支配的なホワイトマンはレオナの仇だ。インディアンを興味の対象にする人類学者も嫌いだ。こうして戦っていると、レオナは自分がいつの間にかホワイトマンになっていることに気づくことがある。

レオナの社会運動の言葉は、生政治が埋没させた問題の一端をすくい上げ、これにわかりやすいイメージを与えて再び政治の論点として対象化するが、そうすることは統治する側と同じ合理的な言葉で問題を言い換えることだ。そうすることによって主体は再び生政治に従属してしまうのではないか。人類学的にあれこれ考える私は、この入り組んだ仕掛けを理解しようとして単純な説明を拒むから、レオナは苛立ちを隠さない。私は厄介な客人に違いない。

私はここまで来て、福島の浜通りに通っても、ラ・アーグやセラフィールドに足を運んでも、原子力マシーンの全貌が見えないことを知った。トリニティ、ヒロシマ、ナガサキの原爆の爆発実験と投下の前から、その後に続く戦略核兵器の開発の過程でも、先住民が住むこの大地でウランが採掘され、核実験はこの大地で行われ、放射性廃棄物はこの大地の中に埋設され、事故が起きて、地層処分施設と暫定貯蔵所は更に拡大をつづけ、先住民たちの母（大地）を汚している。これをどう記述すれば良いのだろう。

ドゥルーズとガタリは、カフカの小説をマイナー文学と呼ぶ（Deleuze et Guattari 1975）。カフカのマイナーな方法は、主権権力によって自律性を制約された主体たちが、この暴力と生政治が主体に作用する歪んだ世界を記述する上でとても効果的なやり方だ。だが、ドゥルーズが考えたほどに生政治が世界を隈なく覆い尽くしているとは思えない。周縁の周縁では、その編み目は大きく広がり、折りたたまれていた潜在性を回復したエージェントたちは、捨てられた未知の物質と出会う。それは異質な主体が発生する契機になるだろう。

フーコーは生政治の連続講義の初めに方法論について語った。国家、社会、主権、主体の存在をア・プリオリに前提としなければ、どんな歴史を書くことができるのか(Foucault 2004)。大津波は国家、社会、主権、主体の存在を前提としない。そして大津波を知る主体は、存在の異なる条件を保持している。核兵器や原子力発電に使われるウランやプルトニウムは、政体の勃興と没落の時間に比べたら桁違いの長期に渡ってエネルギーを保持するから、これを管理することは不可能だ。だから「受動的制度的管理」の方法が採用される。その意味するところは、人間が関与しないということだ。だからフーコーの国家、社会、主権、主体の存在をア・プリオリに前提としない歴史は、方法論的に有効であるだけでなく、現実的だ。国家も生政治も発展も、そこでは朽ち果てた看板でしかない。

私はいくつもの複合的な出来事を構成するエージェントたちを追いかけながらフィールドノートに走り書きする。創発する出来事を追いかけ、穴だらけの理解だとしても記述をつづける。こうして私の理解は深まるように見えるが、それはすでに終わった出来事についての断片的な知識あるいは記憶であり、エージェントたちは私が追いつくのを待たずに姿を変える。うさぎは昼寝する。飛ぶ鳥は枝に止まる。物質は準安定する。リズムを理解し、活動の痕跡を見つけ、先回りすれば、そして罠に落ちなければ、その一端に何度か追いつけるだろう。

謝辞

この作品は福島県いわき市の『日々の新聞』に二〇一八年三月一五日から二〇一九年六月三〇日まで三二回に渡って掲載された「戸惑いと嘘」に加筆して個体化した。一六ヶ月間に渡って二週毎に時には七校、八校まで修正を繰り返した私に付き合ってくれた日々の新聞社の大越章子さんは作品の制作過程に深く関わっている。新聞紙面の字数制限によって文章は鍛えられた。

連載の一九回目を過ぎた頃、京都で行われたシンポジウムで立ち話をしたことをきっかけに石井美保さんが「戸惑いと嘘」の読者となり、青土社の足立朋也さんに繋いでくれて、新聞の連載は本に姿を変えることになった。三二回の原稿が出揃った時点で瑞田卓翔さんが担当となった。黒田征太郎さんは鳥の絵を扉絵に使わせてくれた。妻の内山田かおりは、作品の完成を一番楽しみにしていた。たくさんの人たちとの個々の対話が本のあちらこちらに息づいている。
私は行く先々で大勢の人たちに親切にして貰い、ここまで辿り着くことができた。出会った人々の数はあまりにも多く、ここに全ての名前を記すことはできない。福島の浜通り、フランスのノルマンディ、英国のカンブリア、アメリカのニューメキシコのそれぞれの固有の場所で、唯一無二の一人一人とのやり取りを通してこの作品は徐々に姿を現した。このような出会いが続いた展開に驚きながらも、全ての人たちと全てのエージェントたちに心から感謝している。

二〇一九年七月二四日未明

内山田 康

参考文献

1　論文および著書

- ACRO 2009. Gestion de déchets radioactifs: les leçons du Centre de Stockage de la Manche (C.S.M). Hérouville-Saint-Clair: ACRO.
- ACRO 2016. La pollution à l'américium-241 augmente dans le nord-ouest du site Areva-La Hague: jusqu'à 80% en 7 ans pour ce radioélément particulièrement radiotoxique. http://www.acro.eu.org/wp-content/uploads/2016/10/RAP1607209-Ru-des-Landes.pdf（2017 年 11 月 19 日取得）.
- ACRO 2018. *L'Acronique du Nucléaire* #121. Hérouville Saint-Clair: ACRO.
- AFP 2017. Areva reconnaît une pollution après de son usine de la Hague. http://www.20minutes.fr/planete/2003655-20170126-areva-reconnait-pollution-pres-usine-hague（2017 年 11 月 19 日取得）.
- Agamben, Giorgio 1998. *Homo Sacer: Sovereign Power and Bare Life*. Stanford: Stanford University Press.
- Agamben, Giorgio 2005. *State of Exception*. Chicago: The University of Chicago Press.
- ANDRA 2015. *L'Andra dans la Manche*. Beaumont-Hague: ANDRA.
- Arendt, Hannah 2006 [1958]. Truth and Politics. In *Between Past and Future*. New York: Penguin.
- Arnold, Lorna 2007. *Windscale 1957: Anatomy of a Nuclear Accident* (3rd edition). London: Palgrave.
- AREVA 2016. *Rapport d'information du site AREVA la Hague: rédigé au titre de l'article L. 125-15 du Code de l'environnement*. Beaumont-Hague: AREVA NC.
- ASN 2016. *Livre Blanc du Tritium : Groupe de réflexion menés de mai 2008 à avril 2010*. Paris: ASN.
- Augendre, Marie, Jean-Pierre Llored et Yann Nussaume eds. 2018. *La Mésologie, Un Autre Paradigme pour l'Anthropocène ? Autour et en présence d'Augustin Berque*. Paris: Hermann.
- Ball, George 1971 [1965]. A Compromise Solution in South Vietnam. In Sheehan, Neil *et al.* (eds.) *The Pentagon Papers*, Gravel Edition, vol. 4. Boston: Beacon Press.
- Barthe, Yannick 2006. *Le pouvoir d'indécision*. Paris: Economica.
- Bateson, Gregory 2002. *Mind and Nature: A Necessary Unity*. Cresskill: Hampton Press.
- Bergson, Henri 1932. *Les deux sources de la morale de la religion*. Paris: Presses Universitaires de France.
- Bergson, Henri 1939. *Matière et mémoire*. Paris: Les Presses universitaires de France.

- Blowers, Andrew 2017. *The Legacy of Nuclear Power*. London: Routledge.
- Bolter, Harold 1996. *Inside Sellafield*. London: Quartet Books.
- Bowker, Geoffrey C. and Susan Leigh Star 1999. *Sorting Things Out: Classification and its consequences*. Cambridge: MIT Press.
- Braudel, Fernand 2017 [1949]. *La Méditerranée et le Monde Méditerranéen à l'Époque de Philippe II, 1. La Part du milieu*. Paris: Armand Colin.
- Brown, Kate 2013. *Plutopia: Nuclear Families, Atomic Cities, and the Great Soviet and American Plutonium Disasters*. New York: Oxford University Press.
- Butler, Judith 1992. Contingent Foundations: Feminism and the Question of "Postmodernism" in Judith Butler and Joan W. Scott (eds.) *Feminists Theorize the Political*. London: Routledge.
- Butler, Declan 1997. Cogema's 'arrogance' adds to La Hague's problems. *Nature* vol. 387: 839.
- Campbell, Neil A., Lisa A. Urry, Michael L. Cain, Steven A. Wasserman, Peter V. Minorsky and Jane B. Reece 2018. *Biology: A Global Approach*. New York: Pearson.
- Casey, Edward 2000. *Remembering*. Bloomington: Indiana University Press.
- Clark, Lloyde and Stephen Hart 2004. *The Drive on Caen, Northern France, 7 June – 9 July 1944*. London: Ministry of Defense.
- Connan, O. *et al.* 2017. Atmospheric tritium concentration under influence of AREVA NC La Hague processing plant (France) and background levels. *Journal of Environmental Radioactivity*. 177: 184-193.
- CRILAN 2015. *40 ans de lutes antinucléaires…et ce n'est pas fini !*. Valognes: CRILAN.
- Daniel, Valentine 1996. *Charred Lullabies: Chapters in an Anthropology of Violence*. Princeton: Princeton University Press.
- Davies, Hunter (ed.) 2012. *Sellafield Stories: Life with Britain's First Nuclear Plant*. London: Constable.
- Deleuze, Gilles et Felix Guattari 1972. *L'Anti- Œdipe: Capitalisme et Schizophrénie*. Paris: Les Éditions de Minuit.
- Deleuze, Gilles et Felix Guattari 1975. *Kafka: Pour une Littérature Mineure*, Paris: Les Éditions de Minuit.
- Deleuze, Gilles 1986. *Foucault*. Paris: Les Éditions de Minuit.
- Dimitriu, Cristian 2013. The Protention-Retention Asymmetry in Husserl's Conception of Time Consciousness. *Praxis Filosófica* Nueva serie 37: 209-229.
- École-Boivin, Catherine 2009. *Paul Bedel: Testament d'un paysan en voie de disparition*. Paris: Presses de la Renaissance.
- EDF 2017. Superphenix *Dismantling: Status and Lessons Learned*. IAEA International Conference on Fast Reactors and Related Fuel Cycles. 29 June 2017, Ekaterinburg.

- Foucault, Michel 1972. *Histoire de la sexualité I: La volonté de savoir*. Paris: Gallimard.
- Foucault, Michel 2004. *Naissance de la Biopolitique: cours au Collège de France (1978-1979)*. Paris: Gallimard/Seuil.
- Freud, Sigmund 1957 [1915]. Thoughts for the times on war and death. In *The Standard Edition of the Complete Psychological Works of Sigmund Freud*. London: The Hogarth Press.
- Gardner, Martin, Michael Snee, Andrew Hall, Caroline Powell and John Terrell 1990. Results of case-control study of leukaemia and lymphoma among young people near Sellafield nuclear plant in West Cambria. *British Medical Journal* 300: 423-429.
- Gell, Alfred 1992. The Technology of Enchantment and the Enchantment of Technology. In Jeremy Coote and Anthony Shelton (eds.) *Anthropology, Art and Aesthetics*. Oxford: Clarendon Press.
- Gell, Alfred 1996.Vogel's Net: Traps as artworks and artworks as traps. *Journal of Material Culture* 1: 15-38.
- Gell, Alfred 1998. *Art and Agency: An Anthropological Theory*. Oxford: Clarendon Press.
- Goldston, Richard 2011. Inertial Confinement Fusion R&D and Nuclear Proliferation. PPPL - 4618. Princeton Plasma Physics Laboratory.
- Greene, Gayle 2017. *The woman who knew too much: Alice Stewart and the secrets of radiation*, 2nd edition. Ann Arbor: The University of Michigan Press.
- Guizard, A-V., O. Boutou, D. Pottier, X. Pheby, G. Launoy, R. Stama, A. Spira and ARKM. 2001. The incidence of childhood leukaemia around La Hague nuclear waste reprocessing plant (France): a survey for the year 1978-1998. *Journal of Epidemiology and Community Health* 55: 469-474.
- Haraway, Donna 2017. Symbiogenesis, Sympoiesis, and Art Science Activisms for Staying with the Trouble. In Tsing, Anna, Swanson Heather, Elaine Gan and Nils Bubandt (eds.) *Arts of Living on a Damaged Planet*. Minneapolis: University of Minnesota Press.
- Hart, Stephen 2005. *The Final Battle for Normandy, Northern France, 9 July – 30 August 1944*. London: Ministry of Defense.
- Hecht, Gabrielle 2009. *The Radiance of France: Nuclear Power and National Identity after World War II*. Cambridge: The MIT Press.
- Heidegger, Martin 1971. Building, Dwelling, Thinking. In *Poetry, Language, Thought*. New York: Harper & Row.
- House of Commons 2018. Nuclear Decommissioning Authority: risk reduction at Sellafield (HC 1375).
- Husserl, Edmund 1964 [1928]. *Phenomenology of Internal Time Consciousness*. Bloomington: Indiana University Press.
- Husserl, Edmund 1970 [1954]. *The Crisis of European Sciences and Transcendental Phenomenology*. Evanston: Northwestern University Press.

- Kelly, Kevin 1994. *Out of Control: The New Biology of Machines, Social Systems, and the Economic World*. New York: Basic Books.
- Knight, Chris 2010. Taboo. In Alan Barnard and Jonathan Spencer (eds.) *The Routledge Encyclopedia of Social and Cultural Anthropology*. London: Routledge.
- Latour, Bruno 1987. *Science in Action: How to follow scientist and engineers through society*. Cambridge: Harvard University Press.
- Latour, Bruno 1993. *The Pasteurization of France*. Chicago: The University of Chicago Press.
- LCI 2017. Manche : du plutonium retrouvé autour de site nucléaire Areva de La Hague. https://www.lci.fr/france/manche-du-plutonium-retrouve-autour-du-site-nucleaire-d-areva-de-la-hague-2027923.html（2017 年 11 月 19 日取得）.
- Lefort, Claude 1992. L'idée d'humanité et le projet de paix universelle. In *Écrire : à l'épreuve du politique*. Paris: Calmann-Lévy.
- Le Goff, Jean-Pierre 2018. *La France d'hier: Récit d'un monde adolescent, Des années 1950 à Mai 68*. Paris: Stock.
- Leleu, Jean-Luc 2014. Le Débarquement au village. Opinions et quotidien dans le Bassin en juin 1944. *Annales de Normandie*, 64e année, n°2 : 97-116.
- Le Service Public de la Diffusion du Droit 2016. Loi no 2006-739 du 28 juin 2006 de programme relative à la gestion durable des matières et déchets radioactifs. Article 3. https://www.legifrance.gouv.fr/affichTexteArticle.do;jsessionid=1268EBA2CFDC747F907A9C4C4475AEA8.tplgfr22s_2?idArticle=LEGIARTI000032933879&cidTexte=LEGITEXT000006053907&dateTexte=20180805（2018 年 8 月 5 日取得）.
- Lovelock, James 1995. *Gia: A new look at life on Earth*. New York: Oxford University Press.
- Margulis, Lynn 1998. *Symbiotic Planet: A new look at evolution*. New York: Basic Books.
- McDermott, Veronica 2008. *Going Nuclear: Ireland, Britain and the Campaign to Close Sellafield*. Dublin: Irish Academic Press.
- Meillassoux, Claude, 1981. *Maidens, Meal and Money: Capitalism, and the Domestic Community*. Cambridge: Cambridge University Press.
- Mintz, Sidney W. 1985. *Sweetness and Power: The Place of Sugar in Modern History*. New York: Penguin Books.
- National Audit Office 2018. The Nuclear Decommissioning Authority: Progress with reducing risk at Sellafield (HC 1126).
- Omar, R. Z., J. A. Barber and P. G. Smith 1999. Cancer mortality and morbidity among plutonium workers at the Sellafield plant of British Nuclear Fuels. *British Journal of Cancer* 79 (7/8): 1288-1301.
- Pobel, Dominique and Jean-François Viel 1997. Case-control study of leukaemia among

people near La Hague nuclear reprocessing plant: the environmental hypothesis revisited. *British Medical Journal* 314: 101-106.

- Ricœur, Paul 2000. *La mémoire, l'histoire, l'oubli*. Paris: Éditions du Seuil.
- Schneider, Mycle 2009. Fast Breeder Reactors in France. *Science and Global Security* 17: 36-53.
- Serres, Michel 1990. *Le Contrat naturel*. Paris: François Bourin.
- Shutov, V. N., G. Ya. Bruk, L. N. Basalaeva, V. A. Vasilevitskiy, N. P. Ivanova and I. S. Kaplun. The Role of Mushrooms and Berries in the Formation of Internal Exposure Doses to the Population of Russia after the Chernobyl Accident. *Radiation Protection Dosimetry* 67(1): 55-64.
- Simondon, Gilbert 2005. *L'individuation à la lumière des notions de forme et d'information*. Grenoble: Million.
- Star, Susan Leigh and James R. Griesemer 1989. Institutional Ecology, 'Translations' and Boundary Objects: Amateurs and Professionals in Berkeley's Museum of Vertebrate Zoology, 1907-39, *Social Studies of Science* 19: 387-420.
- Staw, Barry M. 1981. The Escalation of Commitment To a Course of Action. *The Academy of Management Review* 6(4): 577-587.
- Stengers, Isabelle 2015. *In Catastrophic Times: Resisting the Coming Barbarism*. London: Open Humanities Press.
- Strathern, Marilyn 1988. *The Gender of the Gift: Problems with Women and Problems with Society in Melanesia*. Berkeley: University of California press.
- Swanson, Heather, Anna Tsing, Nils Bubandt and Elaine Gan 2017. Introduction: Bodies Tumbled into Bodies. In Tsing, Anna, Swanson Heather, Elaine Gan and Nils Bubandt (eds.) *Arts of Living on a Damaged Planet*. Minneapolis: University of Minnesota Press.
- Taussig, Michael 1986. *Shamanism, Colonialism and the Wild Man*. Chicago: The University of Chicago Press.
- van de Guchte, Maarten, Hervé M. Blottière and Joël Doré 2018. Humans as holobionts: implications for prevention and therapy. *Microbiome* 6(81): 1-6.
- Vandivier, Kermit 1972. Why should my conscience bother me? In Robert Heilbroner (ed.) *In the name of profit*. New York: Doubleday.
- Viel, Jean-François 1998. *La Santé Publique Atomisée, Radioactivité et Leucémies: Les Leçons de La Hague*. Paris: Éditions La Découverte.
- Walker, William 2000. Entrapment in large technology systems: institutional commitment and power relations, *Research Policy* 29: 833-846.
- Zonabend, Françoise 1984. Une perspective infinie : La mer, le ravage et la terre à Hague (presqu'île de Cotentin). *Études rurales* 93-94: 163-178.
- Zonabend, Françoise 2003. *Mœurs Normandes*. Paris: Christian Bourgeois Éditeur.

- Zonabend, Françoise 2014 [1989]. *La presqu'île au nucléaire: Three Mile Island, Tchernobyl, Fukushima et après?* Paris: Odile Jacob.

- ACRO 2019. 「核燃料―ある芳しくないフランスの状況」『原子力資料情報室通信』539: 8-11.
- 森 有正 1968. 『バビロンの流れのほとりにて』筑摩書房.
- 永尾 俊彦 2005. 『ルポ　諫早の叫び：よみがえれ　干潟ともやいの心』岩波書店.
- 内閣府原子力委員会 2016. 「第42回原子力委員会臨時会議議事録」.
- 小名浜港港湾事務所 2017. 「小名浜マリンブリッジの整備における技術的特徴」http://www.thr.mlit.go.jp/Bumon/B00097/k00360/happyoukai/H29/list%201/1-10.pdf（2018年3月21日取得）.
- 佐藤 正典 2014. 『海をよみがえらせる：諫早湾の再生から考える』岩波書店.
- 内山田 康 2013. 「3.11の問い：その場所と時間」『歴史人類』42: 121-137.
- 内山田 康 2014. 「異なるスケール、乖離した言葉、隠れたアクター、縺れ」『アジア・アフリカ地域研究』13(2): 146-173.
- 内山田 康 2018. 「戸惑いと嘘：福島第一原発とラ・アーグ再処理工場の近くで真実について考える」『歴史人類』46: 73-91.

2　新聞記事など

- Albert, Eric et Nabil Wakim 2018. EDF mise sur deux nouveaux EPR au Royaume-Uni. Le Monde, 6-7 mai 2018.
- Barroux, David 2002. Quand le Japon clone la Hague. Les Echos, 24 janvier 2002.
- BBC News 1999. UK Nuclear ship finally leaves port. 19 July 1999. http://news.bbc.co.uk/2/hi/uk_news/398101.stm（2019年4月16日取得）.
- Bezat, Jean-Michel 2015. EDF veut remplacer le parc nucléaire par des EPR. Le Monde, 25-26 octobre 2015.
- Bezat, Jean-Michel 2015. Nucléaire: Pékin et Moscou avancent leur pions. Le Monde, 29-30 novembre 2015.
- Bezat, Jean-Michel et Simon Leplâtre 2018. Nucléaire : la Chine remporter la course à l'EPR. Le Monde, 8 juin 2018.
- Launet, Edouard 1997. Une étude controversée sur les cas de leucémie près de l'usine. Baignade radioactive à La Hague. Libération. 10 janvier 1997.
- Le Hir, Pierre et Nabil Wakim 2019. La filière nucléaire dans une impasse. Le Monde, 22 juin 2019.
- Le Monde 1978. La commission du parti radical se prononce pour la fabrication de «

grands qualités d'armes atomiques de tous modèles ». 19 janvier 1978.
- Le Monde 1997. L'enquête sur la radioactivité à la Hague est relancé. 7 août 1997.
- Levisalle, Natalie 1997. Une enquête très critiquée par des épidémiologistes. Les résultats du Dr Viel ne les convainquent pas. Libération, 10 janvier 1997.
- Libération. 1997. Une étude pour faire la lumière sur les leucémies de La Hague. Le ministre de l'Environnement sollicite l'avis des médecins. 22 janvier 1997.
- Luneau, C. 2017. 1500 manifestants veulent l'arrêt de l'EPR. La Presse de la Manche, 1 octobre 2017.
- Manchester Guardian 1952. A New Method—Or A New Bomb. 4 October 1952.
- Paris, Gilles 2018. Trump relance la course à l'arme nucléaire. Le Monde, 7 février 2018.
- Sanger, David and William Broad 2018. Counter Russia, U.S. Signals Nuclear Arms Are Back in a Big Way. The New York Times, 4 February 2018.
- The Guardian 2002. Nuclear fuel ship returns to Sellafield. 17 September 2002.
- The Guardian 2011. Sellafield Mox nuclear fuel plant to close. 3 August 2011.
- The Guardian 2012. Record number of radioactive particles found on beaches near Sellafield. 4 July 2012.
- Vastag, Brian, Rick Maese and David A. Fahrenthold 2011. U.S. urges Americans within 50 miles of Japanese nuclear plant to evacuate; NRC chief outlines dangerous situation. The Washington Post. 16 March 2011.
- World Nuclear News 2008. Final journey for nuclear transport ship Pacific Teal. 12 February 2008.
- World Nuclear News 2015. UK to change way Sellafield is managed. 13 January 2015.

- 朝日新聞夕刊 1986.「官房長官、ソ連原発事故で会見、ソ連に情報の提供申し入れ」1986年4月30日.
- 朝日新聞 2011.「放出長期化を重大視」2011年4月13日.
- 朝日新聞 2011.「プロメテウスの罠－観測中止令」2011年11月7日～11月23日
- 朝日新聞 2017.「WH争奪戦、陰に経産省」2017年3月10日.
- 朝日新聞 2017.「日本政府はとまどい」2017年10月7日.
- 朝日新聞 2017.「核廃絶への表現後退」2017年10月13日.
- 朝日新聞 2017.「G7、反原発の機運警戒」2017年12月21日.
- 朝日新聞 2018.「河野氏いらいら」2018年2月9日.
- 朝日新聞 2018.「日米原子力協定延長へ」2018年7月15日.
- 朝日新聞 2018.「行動せず議論、移民は流入」2018年7月18日.
- 朝日新聞 2018.「電力量計の焼損、東電が公表せず」2018年11月19日.
- 福島民友 2018.「処理水処分、新たな局面へ」2018年8月28日.

・日本経済新聞 2004. 「東芝、英原発の受注内定」2004 年 11 月 19 日.
・日本経済新聞 2015. 「三菱重工、アレバ救済に苦悩」2015 年 9 月 25 日.
・日本経済新聞 2017. 「原燃、完成また 3 年延期」2017 年 12 月 23 日.
・日本経済新聞 2018. 「原子力協定延長、米がプルトニウム削減要求」2018 年 7 月 21 日.
・日本経済新聞 2019. 「次世代原子炉の開発支援」2019 年 4 月 28 日.
・読売新聞 2011. 「社説 展望なき「脱原発」と決別を」2011 年 9 月 7 日.

3 映画およびテレビ番組

・Bouchard, Jacques 2013. L'énergie nucléaire civile favorise-t-elle la prolifération des armes. Conseiller de l'Administrateur Général, CEA - à la session « La transition énergétique en Europe et dans le monde » à la 8ème conférence Partage du Savoir en Méditerranée à Rabat, 9-12 mai 2013（2018 年 8 月 4 日取得）.
・Demy, Jacques 1964. *Les Parapluies de Cherbourg*. Beta Film.
・France 3 2016. Littoral: Diélette, une mine sous la mer. 21 février 2016（2019 年 6 月 17 日取得）.
・Goetschel, Samira 2016. *City 40*. DIG Films.
・JA 20h 1997. 26 juin 1997. https://www.youtube.com/watch?v=6YoAdkWIGX8（2019 年 4 月 7 日取得）.
・Mauger, Rémi 2005. *Paul dans sa vie*. Paris: Les films du paradoxe.
・Spielberg, Steven 1998. *Saving Private Ryan*. Paramount Pictures.
・UCTV 2009. Conversation with History: Nuclear Power and the Challenges of Global Climate Change and Nuclear Proliferation, A Conversation with Jacques Bouchard. 27 February 2009（2018 年 8 月 4 日取得）.

・鎌仲 ひとみ 2006. 「六ヶ所村ラプソディー」グループ現代.
・河瀬 直美 2015. 「あん」エレファントハウス.
・宮崎 駿 2001. 「千と千尋の神隠し」スタジオジブリ.

内山田 康（うちやまだ・やすし）
1955年、神奈川県生まれ。社会人類学者。国際基督教大学を卒業後、東京神学大学を中退してアフリカで働き、スウォンジー大学、イースト・アングリア大学、ロンドン・スクール・オブ・エコノミクス（ロンドン大学）で学ぶ。エディンバラ大学講師を経て、現在は筑波大学教授。共著に *The Social Life of Trees*（Berg）、*Lilies of the Field*（Westview）。論文に「芸術作品の仕事」（『文化人類学』2008）など。

原子力の人類学
フクシマ、ラ・アーグ、セラフィールド

2019年9月24日第1刷印刷
2019年9月30日第1刷発行

著者――内山田康

発行者――清水一人
発行所――青土社

〒101-0051　東京都千代田区神田神保町1-29　市瀬ビル
［電話］03-3291-9831（編集）　03-3294-7829（営業）
［振替］00190-7-192955

組版――フレックスアート
印刷・製本――シナノ印刷

装幀――今垣知沙子

ISBN978-4-7917-7219-3 C0030　Printed in Japan